Jenny Simanowitz

100 außergewöhnliche Stimmungsmacher

Lebendige Methoden zur Entwicklung
von Offenheit, Selbstvertrauen und Motivation
in Seminar- und Gruppensituationen

Illustrationen von Simone Pahl

Ökotopia Verlag, Münster

Impressum

Autorin Jenny Simanowitz
Illustratorin Simone Pahl
Titelgrafik Kerstin Heinlein
Lektorin Barbro Garenfeld
Satz Hain-Team, Bad Zwischenahn
ISBN 978-3-86702-065-7

1 2 3 4 5 6 7 8 9 10 · 14 13 12 11 10 09 08

Inhalt

Vorwort

Jede Person hat mindestens zwei Seiten ihrer Lebensgeschichte. Die eine, die offizielle, die alle kennen, ist durch Schulzeugnisse, Universitätsabschlüsse, Heirats-, eventuell Scheidungsurkunde und Stempel im Pass bekannt. Die andere summiert sich aus den Ereignissen, die sie als Kind und als Erwachsene erlebte, und die dazu führen, dass sie auf eine bestimmte Weise denkt, fühlt und handelt.

Als ich mich am Ende meines letzten Schuljahres entscheiden musste, für welches Fach ich mich an der Universität Kapstadt einschreiben wollte, stand ich zwischen Psychologie und Englischer Literatur. Schließlich habe ich mich für Literatur entschieden, weil damals das Psychologie-Studium mehr mit Tierversuchen und Statistiken zu tun hatte als mit menschlichen Beziehungen und ich vermutete, mehr über das menschliche Wesen von den großen Literaten lernen zu können als im Labor. Als zweites Hauptfach wählte ich Drama, eine Kombination aus Theaterwissenschaft und praktischer Theaterkunst. Das Interesse an der menschlichen Psyche und wie sie sich in der Kommunikation mit anderen Menschen äußert, sowie die Möglichkeit, in andere Rollen zu schlüpfen, hat mich mein ganzes Leben begleitet.

1971 in London angekommen, arbeitete ich eine Zeitlang als so genannte „Drama-Therapeutin“. Damals war dieser Beruf ganz neu und noch nicht anerkannt. Sue Jennings, jetzt eine Koryphäe auf diesem Gebiet, hat eine Ausbildung angeboten, an der ich mit Begeisterung teilnahm, um kurz danach mein erobertes „Wissen“ in verschiedenen psychiatrischen Einrichtungen auszuprobieren! Damals schon hat es mich fasziniert, wie man durch künstlerische Übungen Emotionen wecken kann, und zwar so, dass man sich dadurch psychisch stärker und selbstbewusster fühlt.

Die 1970er Jahre in London waren die Zeit der „Encounter Groups“, in denen Hunderte junger Menschen unter der Leitung frisch gebackener, selbst ernannter „TherapeutInnen“ schrien, schimpften und über den täglichen Frust ihres Daseins weinten. Obwohl ich eine Zeitlang in dieser Bewegung leidenschaftlich mitmachte, hat mich der ernste Ansatz von Anfang an gestört. Es muss doch einen Weg geben, zu Selbsterkenntnissen zu kommen, ohne sich so todernst zu nehmen, dachte ich! Diese Frage bewegt mich bis heute: Wie kann ich Kenntnisse über mich selbst und über Kommunikationsprozesse erwerben und vertiefen, und dabei lachen statt weinen?

Ich habe immer viel mit Rollenspielen und anderen künstlerischen Übungen gearbeitet. Der Wendepunkt kam aber 1998, als ich Keith Johnstone kennen lernte. Die Arbeit mit ihm im Improvisationstheater hat zu einer rasanten Entwicklung in meiner Arbeit geführt. Durch spontane, aber geregelte Improvisations-Übungen lernen wir, Hemmungen und Ängsten zu überwinden, damit die Kreativität in Fluss kommt. Durch diese Übungen können wir unsere Emotionen so intensiv ausdrücken, dass sie klar, ehrlich und gleichzeitig absolut unpathetisch sind. Die philosophischen Ansichten, die dahinterstehen, – nicht immer versuchen, perfekt zu sein, sich aufeinander verlassen, Handlungen bejahen, weil man sonst blockiert ist, – sind eine Bereicherung für jede menschliche Kommunikation, sowohl im Berufsleben, als auch in unseren persönlichen Begegnungen.

In den letzten zehn Jahren habe ich Übungen und Spiele entwickelt, die die Aneignung von Wissen über Kommunikationsprozesse einfacher und spaßiger machen. Ich habe diese Spiele in zahlreichen Seminaren benutzt, die unter dem Begriff „Kommunikationstraining“ laufen und ein breites Spektrum behandeln: Telefontraining, Verkaufstraining, Teambildung und Motivation sowie Train-the-Trainer und Schulung von Führungskräften. Für jedes Thema (z. B. Wahrnehmung, Körpersprache, Status usw.) wähle ich Spiele aus oder erfinde neue, welche die Kenntnisse über dieses Thema erweitern. So ist im Laufe der Jahre eine Sammlung entstanden, die TrainerInnen, ProjektleiterInnen und FirmenleiterInnen darin unterstützen, Menschen zu Kreativität und harmonischer Kommunikation zu verhelfen.

Dankeschön

Wie immer, wenn jemand ein Buch schreibt, gibt es mehrere Menschen, die mitbeteiligt sind und ohne die das Fertigstellen nicht möglich gewesen wäre. An erster Stelle steht auf jeden Fall mein Lebensgefährte Herbert Stumpfl, dessen Fingerspitzengefühl für Sprache, tiefgehendes psychologisches Wissen und Geduld, mir den Mut gaben, diese Sammlung zu schreiben und zu veröffentlichen. Ich danke auch meinem Freund Franz Hautzinger und meinem Sohn Andy für ihre künstlerischen Inspirationen und den selbstverständlichen Glauben in meine Fähigkeiten; meinen Trainer-Kolleginnen Ingrid-Mylena Kösten, Christina Bauer-Jelinek und Petra Luckey-Schär für ihren Rat und ihre Anregungen, sowie meinem langjährigen, sehr talentierten Bühnenpartner Guy Barriere für seine ständige Unterstützung. Ich stehe auch meinen zwei Lektorinnen Sylvia Zotl und Barbro Garenfeld gegenüber in Schuld, der ersten für ihre mühsame Korrektur und Umformulierung meines „verenglischten Deutsch“, der zweiten für ihre Begeisterung und ihre Überzeugung, dass wir zusammen einen wertvollen Beitrag zum Trainingsmarkt leisten werden.

Und nicht zuletzt danke ich den Tausenden Menschen, die an meinen Seminaren und Auftritten teilgenommen haben und mir genug Vertrauen schenkten, um die Übungen mitzumachen.

Einleitung

Zwischen 1986 und 1990 arbeitete ich als Akquisitionsleiterin bei einem Versicherungsmakler in Berlin. Der Geschäftsführer dieses Büros war ein besonders aufgeklärter Mann mit künstlerischen Neigungen. Er führte kleine „Energieübungen" im Arbeitstag ein – Schultermassagen, Gymnastik und kleine Rollenspiele. Manchmal haben wir sogar getanzt oder gesungen! Er hat uns ermutigt, kreativ und ein bisschen „verrückt" zu agieren und unsere Hemmungen zu überwinden. Gleichzeitig erforschte er die Verbindung zwischen diesen „Stimmungsmachern" und unserem Umsatz. Die Ergebnisse waren eindeutig. Je häufiger wir diese kleinen Auflockerungs- und Konzentrations-Übungen machten, desto erfolgreicher waren wir. In Perioden, in denen wir wegen des Zeitdrucks oder anderer „Prioritäten im Verkauf" nachlässiger darin wurden, litt der Umsatz deutlich. Außerdem hatten die kleinen Unterbrechungen einen ungeheuer großen Einfluss auf die Stimmung und Kooperationsbereitschaft im Team, da das Interagieren eine integrative und harmoniefördernde Wirkung hatte!

Als ich später als Verkaufs- und dann als Kommunikationstrainerin arbeitete, habe ich stets beobachtet, wie Menschen, die schüchtern oder verschlossen waren, sich durch kurze, heitere Gruppenübungen öffneten. Mir wurde auch klar, dass das theoretische Wissen, das ich vermitteln wollte, durch diese Übungen viel schneller aufgenommen wurde und eine starke nachhaltige Wirkung hatte. Ich begann, für jede „Wissens-Einheit" Spiele und Übungen zu finden, die gerade dieses Thema illustrierten, und sie in meinen Seminaren und Workshops auszuprobieren. So ist diese Sammlung entstanden. Ich benutze sie in allen meinen

Emotionen

Der Neurowissenschaftler Antonio Damasio hat mehrere Bücher darüber geschrieben, wie aus Gefühlen Bewusstsein entsteht. Er erzählt eine Geschichte von einem Patienten, der an einem Gehirntumor litt. Nach der Entfernung dieses Tumors war der Patient zwar geheilt, aber er konnte keine Entscheidungen mehr treffen, obwohl er genauso intelligent war wie vorher. Genau dieser entfernte Teil war für die emotionale Beteiligung an Entscheidungsprozessen unerlässlich.

Emotionen bestimmen Stärke (viel – wenig) und Valenz (gut – schlecht bzw. positiv – negativ). Ohne Emotionen ist es unmöglich, etwas zu entscheiden, egal wie viele Fakten uns vorliegen. Genauso unmöglich ist es, ohne Emotionen zu lernen.

Seminaren sowie auf der Bühne im Communication Cabaret oder bei Konferenzen als Energie-Pausen zwischen den Vorträgen.

Die Übungen in diesem Buch zeigen nicht nur Wege auf, uns zu einer faszinierenden und humorvollen Persönlichkeit zu entwickeln, sie unterstützen uns auch darin, ein schöpferischer *Teamplayer* zu werden: Das ist ein Mensch, der nicht blockiert, sondern kooperiert und dessen positive Energie dazu beiträgt, aus jeder Beziehung ein kreatives Miteinander zu machen.

Denken wir nur an FußballerInnen oder BalletttänzerInnen – jede Primaballerina, und mag sie noch so egozentrisch sein, hat zunächst in einer Ballettgruppe zu tanzen begonnen. Hier musste sie lernen, mit hochgradiger Präzision zu kooperieren. Und wie wir wissen, ist auch jeder Fußballstar nur so gut wie sein Team, das ihn trägt – und von dem er getragen wird.

Im Laufe der Jahre habe ich entdeckt, dass wir umso bessere Teamplayer sind, je mehr wir unsere individuelle Persönlichkeit entwickeln. Es ist klar, dass jemand, der viel Selbstvertrauen besitzt und sich selber gerne mag, auch fähig ist, andere Menschen zu mögen und dadurch wiederum von ihnen gemocht wird. Jemand, der fähig ist, seine Emotionen und Gedanken in einer interessanten und lebhaften Weise auszudrücken, wird immer eine große Bereicherung für ein Team sein.

„Working to make your partner look good" – dieser geniale Satz von Keith Johnstone bringt zum Ausdruck: Wenn es uns gelingt, die anderen im Team „gut aussehen zu lassen", dann fällt ihr Erfolg auf uns zurück.

Wie Stimmungsmacher unsere Kommunikationsfähigkeit unterstützen

Sich emotional auszudrücken, gehört zur Natur des Menschen. Darum führen emotionale Blockaden oder Hemmungen nicht nur zu einem Mangel an Ausdruck, sondern auch zu einem Emotionsstau. Gefühle, die der Mensch ausdrücken möchte, werden zurückgehalten. Das verursacht Frust und Spannung, die dem eigenen Wohlgefühl sowie der Kommunikation mit anderen schadet.

Positive Gefühle entstehen, wenn unser Energiehaushalt in Ordnung ist und wenn wir die Möglichkeit haben, kleine Aggressionen, Missmut, Selbstanklagen und Fremdanklagen in humorvoller Art abzubauen. Erwiesenermaßen gibt es auch einen Zusammenhang zwischen positiven Gefühlen und erhöhter Kreativität und Leistung.

Mihaly Czsikszentmihalyis Bestseller *Flow: Das Geheimnis des Glücks* beschreibt den optimalen Zustand von Kreativität und Leistung als eine „leichte Hypomanie“ (Hochstimmung), das ist eine Verfassung, bei der alles fließt, ein Zustand des Optimismus und der Selbstvergessenheit, das Gegenteil von Grübeln und Sorge. Viele Forschungen bestätigen, dass eine starke Verbindung zwischen Flow-Zuständen und Spitzenleistungen besteht.

Richard Branson, der Gründer von Virgin Records und Virgin Airlines und einer der unkonventionellsten Vorstandsvorsitzenden, sagte einmal, dass eine spannende Atmosphäre das beste Mittel ist, um Menschen zu motivieren, und dass Stress nicht das Resultat von zu viel Feuer, sondern von zu wenig Leidenschaft ist!

In Amerika ist „Fun Consultant“ (Spaß-Berater) ein anerkannter Beruf. Die Amerikaner haben seit langem erkannt, dass Fröhlichkeit das Gedächtnis und den Einfallsreichtum fördert. „The brain runs on fun“, behauptet Leslie Yerkes in ihrem Buch *Fun Works*. Für sie ist Fun (Spaß, Unterhaltung, Humor, Spiel, Lust …) eine Art Philosophie. Sie schreibt: „Es macht die größten Herausforderungen leichter, und wir können uns auf die Lösungen konzentrieren, anstatt in der Problemanalyse stecken zu bleiben. Spaß fördert Vertrauen, Offenheit und Neugier.“

Schon bei den alten Griechen, die Theaterzyklen aufführten, folgte nach drei Tragödien eine Komödie. Die Tragödie sollte eine Katharsis (Reinigung) von starken negativen Emotionen bewirken. Hingegen zeigte die Komödie, dass wir das Leben nicht immer so ernst nehmen müssen. Statt von unserer Schwäche gestraft zu werden (wie in einer Tragödie), wird die menschliche Schwäche in der Komödie durch Humor ins Lächerliche gezogen. Wir lernen so, dass unsere Fehler und die unserer Mitmenschen keine Todsünden sind!

Die These, dass Humor und Spaß im Alltag eine positive Wirkung auf Stimmung, Kooperations- und Leistungsfähigkeit haben, wird auch in der Neurologie (Lehre vom Nervensystem) bestätigt. Diese Art von Übungen erzeugt einen Zustand der intensiven Konzentration, der gleichzeitig mit Freude und Entspannung verbunden ist – Freude, weil wir meistens viel dabei lachen, Entspannung, weil jeder Leistungsdruck abgelegt wird. Wir kommen in einen „Flow“-Zustand, in dem bestimmte Neurotransmitter (z. B. Endorphine und Dopamine) ins Gehirn ausgeschüttet werden, die zu erhöhter Konzentration und Fokussierung führen.

Die Stimmungsmacher

Hier ein paar Anregungen, für welche Seminare oder Trainings sich Stimmungsmacher eignen:

- allgemeines Kommunikationstraining
- Teambildung und Motivation
- Schulung von Führungskräften
- Train-the-Trainer
- Verkaufs- und Verhandlungstraining
- Telefontraining
- Präsentationstraining
- Sprachtraining
- Energie-Pausen bei Tagungen, längeren Besprechungen und Konferenzen

Die ausgewählten Übungen und Spiele können auf verschiedenen Ebenen wirken und passen zu unterschiedlichen Lernzielen. Die Tipps und Bemerkungen weisen darauf hin, wie und wann die Übungen am besten angewendet, genutzt und wie sie variiert werden können. Wichtig ist, dass kein Leistungsdruck durch das Spielen bzw. während der Aktion entsteht. Ausgewählt wurden Spiele, in denen sich niemand bedroht fühlen sollte.

Allerdings muss ich eine kleine Bemerkung hinzufügen: *Jede Methode ist nur so gut wie die Spielleitung, die sie durchführt.* Die Spiele sind auch selbstverständlich kein Ersatz für sinnvolle Arbeit und gutes Management. Ich gehe davon aus, dass diejenigen, die sie benutzen, wohlwollende, herzliche Menschen sind, die mit Erfahrung in Pädagogik und Sinn für Humor vor ihre Gruppe treten. Als alleiniger „Rettungsanker“ für schlechte Stimmungen sind die Spiele nicht einzusetzen, da das sicher nicht zu einem positiven Ergebnis führen wird.

Die Erfahrung zeigt, dass nur die Spiele „erfolgreich“ sind, von denen die Spielleitung selbst begeistert ist und von denen sie glaubt, dass sie zum eigenen Stil und zu dieser bestimmten Gruppe passen.

Sie werden wahrscheinlich die einzelnen Stimmungsmacher (wie bei einem Kochrezept!) immer etwas variieren, Elemente auslassen und andere hinzufügen. Das ist gut so! Stimmungsmacher sind als Anregung gedacht. Je mehr die Spielleitung sie als Sprungbett zur Entwicklung der eigenen Fantasie nutzen kann, desto besser!

Außerdem ist das Material so aufgebaut, dass es auch möglich ist, diesen Katalog als eine Art „Kommunikations-Lehrgang“ zu benutzen, in dem alle wichtigen Elemente der Kommunikation behandelt werden. Jeder Abschnitt hat daher auch einen kurzen theoretischen Teil als Einleitung für die praktischen Übungen.

Sie werden merken, dass die Basis vieler dieser Spiele im Rollenspiel oder im Improvisationstheater zu finden ist. Während meines Schauspielstudiums und durch das Improvisationstheater in den letzten Jahren (insbesondere durch Seminare bei Keith John-

© *Gudrun Stockinger*

stone, dem Gründer des Theatersports) habe ich für meine persönliche Entwicklung viel lernen können. Im Rahmen meiner Seminare hat sich gezeigt, dass die Fantasie und Kreativität von ganz unterschiedlichen Menschen beflügelt werden. Es ist immer wieder berührend zu sehen, wie so genannte „fantasielose“ oder „humorlose“ Menschen sich in kürzester Zeit zu „fantasievollen“ Menschen verwandeln und welche Freude sie dabei erleben!
Im Kapitel *Das Rollenspiel* (s. S. 68) werden Rollenspieltheorien und Übungen ausführlich beschrieben.

Zur Einleitung der Übungen noch ein Zitat des bedeutenden japanischen Theater-Regisseurs Yoshi Oida: „The beauty of playing together is meeting in the one.“ (Die Schönheit des Zusammenspiels ist das Zusammenfließen in eins.) Menschen, die gut zusammen spielen, arbeiten auch gut zusammen und lernen, einander zu schätzen und zu lieben.

In diesem Sinne wünsche ich Ihnen glückliche und gelungene Stimmungsmacher!

Ihre Jenny Simanowitz

Warm-ups

Die folgenden Beispiele setzen den grundsätzlichen philosophischen und emotionalen Rahmen der Stimmungsmacher:

- Es gibt kein „richtig“ und „falsch“, d.h. keinen Leistungsdruck.
- Jeder Mensch kann kreativ und humorvoll sein.
- Wir agieren positiv unseren Mitmenschen gegenüber, z.B. indem wir ihnen ein Geschenk geben (s. SM 2, S. 13), das bringt Freude und Erfolg im Leben!

Fast alle Stimmungsmacher basieren mehr auf kurzen, intensiven Erlebnissen als auf analytischer Arbeit.

„Du“ oder „Sie“

Vorab ein Wort zu „Du“ oder „Sie“. Jede Spielleitung sollte selbst entscheiden, ob sie per Du mit ihren TeilnehmerInnen sein möchte und ob sich alle untereinander duzen wollen.
Da ich in meinen Seminaren grundsätzlich immer mit „Du“ arbeite (ich frage natürlich am Anfang um Erlaubnis dafür mit der Begründung, dass ich aus dem angelsächsischen Raum stamme), verwende ich auch in diesem Buch, zumindest in den Dialogen, das Du.

Wir kennen uns schon 1

Diese Aktion eignet sich ausgezeichnet für die erste Begegnung einer Gruppe. Gleich zu Beginn befinden sich die TeilnehmerInnen in der Welt des Rollenspiels und spontanen Agierens, ohne dass sie „schauspielern“ müssen.

Die TeilnehmerInnen gehen umher. Jeweils zwei Personen treffen aufeinander. Die eine sagt zur anderen:

A: Wir haben uns schon getroffen (oder: Wir kennen uns schon).

B: Ja, es war … (B denkt sich jetzt einen Ort oder eine Situation aus, z.B. am Strand in Florida, bei der goldenen Hochzeit meiner Oma …)

A: Genau. Ich erinnere mich daran, weil (Jetzt denkt A sich etwas aus, warum er oder sie sich an B erinnert)… dein Parfum so einzigartig ist (oder: Ich erinnere mich an deinen tollen Sonnenhut).

Nach diesem kurzen Austausch gehen beide weiter und suchen andere PartnerInnen.

Ich habe ein Geschenk für dich 2

Dieser Stimmungsmacher garantiert gute Laune! Was gibt es Schöneres, als jemandem ein Geschenk zu machen oder eines zu empfangen? Ich benutze die Übung oft vor einer Pause und beende sie mit den Worten: „Das könnt ihr in der Pause weitermachen." Damit wird sofort gute Laune unter den TeilnehmerInnen verbreitet!

Alle gehen im Raum umher, dabei treffen jeweils zwei Personen aufeinander. Die eine sagt zur anderen:

A: Ich habe ein Geschenk für dich.

B: Ja, es ist … (B: nennt das Geschenk, das ihr spontan einfällt: ein Hut, ein Hund, ein Traubensaft …)

A: Ich schenke es dir, weil du ein Ascot-Pferderennen besuchen willst (als Beispiel für das Hut-Geschenk).

Loben, jammern, angeben … 3

Dieser Stimmungsmacher ist zum Kennenlernen und eine weitere Einführung in das Rollenspiel. Die Spielleitung spornt die TeilnehmerInnen ein bisschen dazu an, etwas zu übertreiben. Ich sage z. B.: „Jetzt könnt ihr wirklich schrecklich jammern!“ So gewöhnen sie sich sehr schnell daran, dass sie „spielen“.

Jeder Abschnitt dauert etwa 30 Sekunden bis eine Minute. Je nach Zeit und Ideen erfindet die Spielleitung selbst Spielsituationen. Anschließend entsteht womöglich eine Diskussion darüber, welche Abschnitte den TeilnehmerInnen am leichtesten oder am schwersten gefallen sind oder welche ihnen am meisten Spaß gemacht haben.

- Alle stehen.
- Die Spielleitung sagt: „Finde jemanden zum Loben.“
- Jeder findet eine PartnerIn. Die beiden loben sich gegenseitig.
- Die Spielleitung sagt: „Finde jemanden, bei dem du dich ausjammern kannst!“
- Jeder findet eine neue PartnerIn. Die beiden jammern sich gegenseitig etwas vor.
- Die Spielleitung sagt: „Finde jemanden, vor dem du angeben kannst!“ usw.

Varianten

- Finde jemanden, dem du einen Witz erzählen kannst.
- Finde jemanden, dem du ein „Geheimnis“ verraten kannst!

Das Alphabet in einem Atemzug aufsagen 4

Besonders für unruhige Kinder ist diese Übung ein gutes Warm-up, um eine Konzentrationsphase am Anfang zu schaffen.

Die TeilnehmerInnen holen tief Luft, atmen ganz tief ein und sagen das Alphabet auf, so oft sie können, ohne nochmals Luft zu holen.

My Bonnie 5

Bei diesem Lied, das sicher alle kennen, kommt schnell heitere Stimmung auf. Dabei muss jeder gut aufpassen!

Material: Klavier oder Gitarre als Begleitung

My bonnie lies over the ocean.
My bonnie lies over the sea.
My bonnie lies over the ocean.
Oh bring back my bonnie to me.

Refrain: Bring back, oh bring back,
Oh bring back my bonnie to me, to me.
Bring back, oh bring back,
Oh bring back my bonnie to me!

- Die TeilnehmerInnen stehen von ihren Stühlen auf und singen gemeinsam das Lied.
- In der zweiten Runde singen sie es noch einmal. Jedes Mal, wenn das „B“ (von „Bonnie, „bring“, „back“ usw.) im Text vorkommt, wird die Stellung gewechselt, d. h. vom Sitzen zum Aufstehen und zurück. Durch den Wechsel der Positionen während des Singens kommt Bewegung in das Spiel.

Der Stuhl heißt heute „Hund"! 6

Zu Anfang seiner sprachlichen Entwicklung lernt jedes Kind, dass ein Objekt einen bestimmten Namen hat. Eltern trainieren ihre Kinder darin und sind stolz, wenn sie die richtige Bezeichnung nennen, und korrigieren sie, wenn sie etwas Falsches sagen. Die Kinder werden dadurch mit ihrer Umgebung vertraut, aber gleichzeitig ist dies der erste Schritt in Richtung kulturelle Einengung.
Sinn dieser Übung ist es, das Korsett der „Wahrheit“ aufzulockern, damit wir unserer Fantasie freien Lauf lassen können.

Alle gehen herum und bezeichnen mit lauter Stimme Gegenstände, die im Raum sind, mit falschen Namen. Sie sagen z. B. zum Stuhl „Hund“, zu den Vorhängen „Badehose“ usw.

„Corps de Ballet" 7

Diese Übung eignet sich gut, um Sensibilität und Zusammenarbeit zu fördern. Dabei wird oft deutlich, wie eine bestimmte Gruppe zusammenarbeitet, z. B.

- *Kommen die Einfälle schnell nacheinander?*
- *Sind die Mitglieder hektisch oder träge?*
- *Bringen sich immer nur dieselben Personen ein oder machen alle mehr oder weniger gleich mit usw.*

Material: rhythmische „Tanzmusik", CD-Player

- Die Gruppe steht ungeordnet und zwanglos im Raum.
- Beim Einsetzen der Musik beginnt irgendjemand eine Bewegung oder einen Bewegungsablauf und alle machen die Bewegung(en) nach.
- Irgendwann – die Spielleitung gibt keinen Impuls, sondern überlässt es der Gruppe – ändert eine andere Person die Bewegungen und die restlichen GruppenteilnehmerInnen sollen diese Veränderung spüren und ihren eigenen Bewegungsablauf daran anpassen.
- Wenn zwei Menschen gleichzeitig eine neue Bewegung beginnen, entscheidet die Gruppe impulsiv, welchem neuen Bewegungsablauf sie folgt.

Ich hatte einmal ein Teambildungsseminar mit den verschiedenen AbteilungsleiterInnen eines großen Hotels. Im Vorgespräch kam zur Sprache, dass das Team zwar immer sehr viele schöpferische Ideen hat, aber ihre Durchführung nicht schafft. Während dieser Übung konnte ich diese Dynamik sehr klar beobachten. Kaum fing die eine mit einer Bewegung an, brachte sich nach ein paar Sekunden eine zweite und gleich darauf eine dritte ebenfalls mit einer neuen Idee ein. So verhinderte die Gruppe selbst, dass Ideen ausgekostet und umgesetzt wurden.

Alles ist neu („Look Mummy, a train!") 8

Kinder haben Freude an der Entdeckung ganz banaler Wirklichkeiten, die Erwachsene schon längst nicht mehr bemerken. „Look Mummy, a train!", sagen kleine Kinder zu ihrer Mutter, die womöglich an die nächste Einkaufsliste denkt und ihre Umgebung mit all den kleinen „Schätzen" nicht mehr bemerkt. So stumpft unsere Wahrnehmung durch Übersättigung im Laufe der Zeit ab. Schließlich können wir nur von ganz neuen, starken Erlebnissen berührt werden und müssen womöglich durch die ganze Welt reisen, um etwas zu finden, das endlich eine Reaktion in uns hervorruft. Die folgende Übung trainiert die Wahrnehmung und einen positiven Bezug zu bekannten Objekten und Menschen. Randy Dixon von der Second City Theatergruppe, New York nennt dieses Übung „Love of Recognition" (Liebe zur Entdeckung).

Gehe im Zimmer herum und zeige für *alles* Begeisterung, so als ob du jeden Gegenstand oder jede Person zum ersten Mal siehst.

Schnapp dir den Platz! 9

Dieses Spiel fördert Lebendigkeit, Aufmerksamkeit und Spaß! Es ist sehr gut für Kinder und Jugendliche geeignet!

- Alle TeilnehmerInnen bis auf eine stellen sich in einen etwas größeren Kreis.
- Die eine TeilnehmerIn stellt sich in die Kreismitte.
- Zwei Menschen schauen sich kurz an, nicken sich unauffällig zu und wechseln ihre Stellungen innerhalb des Kreises.
- Die TeilnehmerIn in der Mitte muss für sich selbst einen Platz im Kreis erobern, bevor der Wechsel der zwei Personen im Kreis stattgefunden hat.

Yoga zu zweit 10

Eine gute Übung für morgendliche Körperarbeit, die Konzentration fördert und auch einen „harmlosen" Körperkontakt erlaubt.

- Zwei Personen stellen sich mit den Rücken zueinander auf.
- Oberkörper, Arme und Kopf hängen locker nach vorn gebeugt.
- Langsam – Wirbel für Wirbel – richten sie sich auf.
- Sobald beide Rücken an Rücken aneinander stehen, setzen sie sich hin, ohne die Arme dabei zu verschränken.
- Dann stehen sie wieder zu zweit auf.

Hinweis: *Sehr selten (und es ist wirklich selten!) weigert sich ein Teilnehmer oder eine TeilnehmerIn, eine Übung zu machen, die Körperkontakt mit anderen TeilnehmerInnen erfordert. In so einem Fall sollte die Spielleitung ganz einfach zustimmen, dass diese Person bei dieser Übung aussetzt. Normalerweise, wenn die Spielleitung einen gewissen Körperkontakt natürlich und angenehm findet, empfinden die TeilnehmerInnen es auch so.*

Mein Schlüssel erzählt meine Geschichte 11

Auch als „Vorstellungsrunde" geeignet.

Jede TeilnehmerIn nimmt einen Schlüssel oder ihren Schlüsselbund zur Hand und erzählt spontan eine kurze Geschichte darüber.

Interviews zum Kennenlernen 12

Diese Vorstellungsrunde, die bei Seminaren gewöhnlich sehr langatmig abläuft, kann von der Spielleitung gleich genutzt werden, um Lebendigkeit und Spaß in die Gruppe zu bringen.

- Zwei TeilnehmerInnen interviewen sich gegenseitig. Abwechselnd stellen sie sich Fragen, die keiner von beiden mit „Ja" oder „Nein" beantworten darf.
- Die GesprächspartnerInnen präsentieren sich gegenseitig vor der Gruppe.

Tipp: *Die Spielleitung kann Anweisungen geben, wie die GesprächspartnerInnen einander präsentieren sollen, z. B.:*

- *„Zeige deine Begeisterung für diese Person";*
- *„Gestalte deine Präsentation für die Zuschauer so interessant wie möglich";*
- *„Präsentiere deine GesprächspartnerIn mit nicht mehr als zwei Sätzen";*
- *„Differenziere zwischen den* ***Informationen****, die du von deinem Gesprächspartner bekommen hast, und den* ***Eindrücken****, die du selbst wahrgenommen hast."*

Begrüßung in drei Runden 13

Diese Übung lockert sehr auf und hebt meistens schnell die Stimmung in einer Gruppe. Die TeilnehmerInnen werden von mir normalerweise nicht gleich am Anfang zu dieser Übung eingeladen, sondern nach der ersten Pause. Diese Aktion eignet sich besonders gut für Verkaufs- und Kommunikationstrainings und sensibilisiert für die Themen „Wahrnehmung" und „erster Eindruck". Alles fängt mit der Begrüßung an!
Die Begrüßungsarten werden hier gesteigert: von einer „schlecht gelaunten" bis hin zu einer „ekstatischen" Begrüßung.

Material: rührende, rhythmische Musik, z. B. Miriam Makeba, *Pata pata,* Track 1, CD-Player

1. Runde: Alle TeilnehmerInnen gehen im Raum herum und begrüßen sich in einer kalten, distanzierten Art und Weise.
2. Runde: Alle TeilnehmerInnen begrüßen sich höflich mit Händeschütteln, einem höflichen Lächeln und ein paar kurzen Worten.
3. Runde: Alle TeilnehmerInnen begrüßen sich mit absoluter Begeisterung füreinander; sie tun so, als ob ihr Gegenüber die beste Freundin / der beste Freund wäre.
Die Spielleitung kann anregen, dass sie
… mit ihrem Gegenüber tanzen.
… ihr Gegenüber in die Luft werfen.
Um die Begeisterung hervorzuheben, wird in der 3. Runde zusätzlich rhythmische Musik gespielt.

Variante 1

Gehe herum und begrüße die Menschen auf verschiedene Arten, z. B.

- mit geschlossener Körpersprache (verschränkte Arme, zusammengepresste Lippen, kaum Augenkontakt …)
- nach verschiedenen Kulturen (auch Fantasie-Kulturen sind möglich)
- hierarchisch (hoher vs. niedriger Rang)
- in verschiedenen Rollen (z. B. Verkäufer – Kunde, Lehrer – Schüler, Mutter – Tochter, zwei Liebende)
- mit verschiedenen Emotionen

Variante 2

Begrüßungen zwischen verschiedenen Personen, z. B.

- zwei Personen, die sehr kurzsichtig sind
- zwei Freundinnen
- zwei Soldaten
- Oma und Enkelkind
- zwei PolitikerInnen

Wir sind alle Philosophen 14

Diese lustige, sprachbetonte Übung eignet sich als Warm-up oder zum „Blödeln" zwischendurch.

Die TeilnehmerInnen setzen sich in einen Kreis. Sie formulieren gemeinsam einen Aussagesatz, in dem jede ein Wort sagt. Person A beginnt mit einem Wort, an das Person B ein zweites Wort setzt, Person C ein drittes Wort usw., bis der Satz vollendet ist, z. B.:

A – Kleine …
B – Küken …
C – sind …
D – meistens …
E – gelb.

Oder: Einkaufen … am … Samstag … kann … sehr … mühsam … werden.

Ist ein Satz formuliert, sind alle ganz ernst und sagen gemeinsam in bedeutungsvollem Ton: „Ja, ja, ja" – so als ob der Satz eine tiefe philosophische Bedeutung hätte. Anschließend startet eine andere Person mit einem neuen Satz.

Hinweis: *Meistens lachen die TeilnehmerInnen wegen des Widerspruchs zwischen der Banalität des Satzes und der ernsten Reaktion. Aber gerade durch diese ernste Reaktion nehmen ganz banale Sätze manchmal eine „echte" philosophische Bedeutung an!*

„Rationales Denken" und Energie

Übungen, die das rationale Denken ausschalten und die Spontaneität fördern

In bestimmten Situationen funktioniert unser Gehirn besser, wenn wir uns auf eine Aufgabe **nicht** konzentrieren. Ein gutes Beispiel dafür ist das Fahrradfahren: Versuchen Sie einmal während des Fahrradfahrens den „Flow" in kleine bewusste Bewegungen zu zerlegen – und was passiert? Sie werden vermutlich herunterfallen …

Fröhliches Fragen 15

Improvisierte Spiele wie dieses bieten einen vorgegebenen Rahmen, in dem TeilnehmerInnen lernen können, auf ihre spontanen Reaktionen zu vertrauen, weil „falsche" Reaktionen nicht bestraft, sondern in das Spiel integriert werden.
Diese Übung ist auch für Kinder ab etwa 10 Jahren geeignet. Sie ist eine wirksame Einführung in die Themen Schlagfertigkeit und „locker reagieren". Sie passt deshalb auch gut zu einem Basis-Training in Verkauf, Verhandlung und Präsentation.

- Die TeilnehmerInnen bilden Paare, die ein mehr oder weniger logisches Gespräch führen, in dem alles als Frage formuliert wird, z. B.
  A: Kann ich hier sitzen?
  B: Ist das dein Platz?
  A: Kennen wir uns eigentlich?
  B: Warst du nicht auch letzten Sonntag da?
- Wenn ein Paar einen „Fehler" macht, d. h. eine Person antworten mit einem Satz, der nach den Regeln keine Frage ist, scheidet das Paar aus und darf nicht mehr reden.
- Nach etwa einer Minute fragt die Spielleitung, welche Paare die Aufgabe geschafft haben.

Vorsicht: *Dialoge wie „Geht's dir gut?" – „Ja, und dir?" sind* nicht *erlaubt!*
Grenzfälle (die natürlich auch für Heiterkeit sorgen) sind Sätze, die nur durch den Tonfall zur Frage werden, wie „Du bist krank?" Streng gesehen, sind das keine Frage, aber manche Paare bestehen darauf, durch solche Äußerungen nicht disqualifiziert zu werden. Die Spielleitung oder die Gruppe darf selbst entscheiden, wie streng oder liberal sie das beurteilt!

Tipp: *Die Spielleitung kann den Dialog interessanter gestalten, indem sie einen bestimmten Ort und bestimmte Charaktere benennt, z. B.*

- *zwei Fremde am Strand*
- *KellnerIn und Gast in einem Restaurant usw.*

Übrigens: *Fröhliches Lachen, wenn jemand einen Fehler macht, ist selbstverständlich erlaubt!*

ABC 16

Diese Übung ist gut für die Auflockerung des „zielgerichteten“ Denkens im Verkaufs- und Kommunikationstraining. Sie kommt übrigens auch bei Kindern ab ca. zehn Jahren sehr gut an. Mein jüngster Sohn hat sich dieses Spiel an seinem 10. Geburtstag gewünscht. Die Gäste waren begeistert!
Obwohl diese Übung viel Konzentration und Schlagfertigkeit verlangt, ist Perfektion nicht das Ziel, ganz im Gegenteil. Es geht auch darum zu lernen, Fehler zu machen, z. B. mit dem falschen Buchstaben anzufangen, und damit würdevoll umzugehen.
Manche SpielerIn mag auch „schummeln“, indem sie vielleicht extra ein Wort aus einer anderen Sprache benutzt (z. B. „Voila!“ oder „yes“) oder bewusst ein Wort „falsch“ buchstabiert („fielleicht!“). Alle diese „Fehler“ machen das Spiel noch genussvoller für DarstellerInnen und Publikum. Wir wollen keine perfekten Menschen sehen. Fehler sind sympathisch!

Zwei Personen spielen eine Szene. Jede sagt abwechselnd einen Satz. Die Satzanfänge beim Dialogwechsel werden jeweils in alphabetischer Reihenfolge gewählt. Charakter, Ort usw. werden vom Plenum vorgegeben, z. B. zwei Freundinnen treffen sich nach Jahren wieder:

A: **A**nna, wie geht's?
B: **B**itte, frage lieber nicht …
A: **C**hristoph! Hat er dich wieder verlassen?
B: **D**as würde mir nichts ausmachen, der alte Hund!
A: **E**s ist deine Schwiegermutter! Sie will bei euch einziehen! usw.

Fasse dich kurz! 17

Als Konzentrationsübung und eben, um sich kurzzufassen!

Die DarstellerInnen führen einen Dialog, in dem jeder Satz nur drei Wörter haben darf! Charakter, Ort und Geschehen werden von allen gemeinsam bestimmt.

Trink einen Schluck! 18

(inspiriert von Augusta Boal, dem brazilianischen Gründer des „Theatre of the Oppressed“ – Theater der Unterdrückten)

Material: evtl. „Hintergrundmusik“, CD-Player

In dieser Szene wird ein Fest in gehobener Gesellschaft dargestellt. Der oder die GastgeberIn bzw. der oder die KellnerIn bietet hochprozentige Cocktails an. Nach jedem Schluck werden die Gäste beschwipster und dadurch lockerer und lustiger im Umgang miteinander.

Tipp: *Diese Übung wird noch besser, wenn sie mit bildhaften Beschreibungen von der Spielleitung eingeleitet wird. Sie könnten z. B. sagen:*

- *„Und jetzt bist du so fröhlich, dass du jeden Menschen anlächelst …“ oder*
- *„Jetzt stotterst du ein wenig und lallst.“*

Die Szene gelingt meistens noch besser, wenn Hintergrundmusik gespielt wird.

Schnapp den Hut! 19

Ein Knüller, der vor vielen Jahren von einem Lehrer-Regisseur der Central School of Speech and Drama in London erfunden wurde, um die steiferen Studenten aufzulockern. Er gab ihnen die Anweisung, mitten in der Szene den Hut von seinem oder ihrem Bühnenpartner zu stehlen!
Das „Hutspiel“ lässt sich gut einsetzen, um Aufmerksamkeit zu trainieren. Der eigentliche Sinn der

Übung ist jedoch, Menschen von ihrer Bühnenangst zu befreien. Sogar sehr Schüchterne machen gerne mit, weil es so lustig und unkritisch ist! Außerdem sind sie meistens nur sehr kurz auf der „Bühne“!

Material: 2 (Männer-)Hüte

Zwei Personen spielen eine kurze Szene. Charakter und Ort werden von der Spielleitung oder von den Zuschauern vorgegeben.

- Beide DarstellerInnen tragen als Kopfbedeckung einen Hut.
- Beide DarstellerInnen versuchen während des Spiels, den Hut des Partners oder der Partnerin unauffällig herunterzunehmen.

Tipp: *Am besten gelingt die Szene, wenn beide Personen während des Gesprächs beobachten, wann die Konzentration des anderen nachlässt, um genau dann den Hut einfach wegzuschnappen!*

Konzentration und Entspannung

Ausstrahlung, Präsenz und Charisma stehen in engem Zusammenhang mit der Konzentration jedes Menschen. Geistige Präsenz erwächst durch bewusste Aufmerksamkeit für die aktuelle Situation und wirkt auf andere besonders anziehend und überzeugend. Konzentrationsfähigkeit steht wiederum in engem Zusammenhang mit Entspannung.
„Entspannungsübungen“ bieten dem Körper eine generelle Ruhepause an und aktivieren gleichzeitig das zerebrale Glücks-Zentrum. Die folgenden Übungen erzeugen einen Entspannungszustand, indem die Grenzen zwischen Bewusstsein, unbewussten Informationen und Impulsen durchlässiger werden. Die Aktivitäten der rechten, „intuitiven“ Gehirnhälfte verstärken sich. Der Organismus schaltet sozusagen auf „Empfang“.

Schultermassage 20

Sehr beliebt in Seminaren und sicher auch in Alltag!
(s. Hinweis zu SM 10, „Yoga zu zweit“, S. 17)

Eine Massage kann folgendermaßen eingeleitet werden: Alle Personen werden aufgefordert aufzustehen, sich zur rechten Seite zu drehen und ihre Arme auszustrecken. Mit ausgestreckten Armen massieren sie dann die Schultern der jeweils vor ihnen stehenden Person.

Tanz-Improvisation zu zweit, ein „Empathie"-Training 21

Bei dieser Aktion soll jeder Tanzende den Bewegungen des Partners sehr viel Aufmerksamkeit schenken.

Material: rhythmische Musik, CD-Player

Zwei Personen improvisieren einen Tanz. Dieser Tanz muss aufeinander abgestimmt sein und für die Zuschauer wie „geprobt" aussehen.
Nach der ersten Runde mit zwei Personen kann diese Tanzimprovisation auch mit drei oder mehr Personen durchgeführt werden.

Mit einer Stimme sprechen 22

Diese Übung ähnelt der vorherigen, wobei die Spielgruppe mit vier bis sechs Personen größer ist. Alle Beteiligten sollen die gleiche Antwort auf die gestellten Fragen geben.
Weil dies ein Sensibilitätstraining ist, ist es wichtig, dass sich keine „LeiterIn" herausbildet, der die anderen einfach folgen. Denn Folgen ist nicht das Ziel der Übung, sondern Erspüren.
Es ist auch erstaunlich, wie die Gruppe es nach ein paar „falschen" Durchgängen, über die sehr gelacht wird, tatsächlich schafft, zu einem Einklang zu gelangen. Deshalb hilft diese Übung auch gerade schüchternen Menschen, die sich unwohl fühlen, wenn sie allein auf einer Bühne oder vor einem Publikum stehen. Hier fühlen sie sich durch die anderen „geschützt".

Die Spielleitung stellt Fragen und die Gruppe versucht, mit „einer Stimme" zu antworten. D. h., die TeilnehmerInnen müssen sich auf die jeweils anderen konzentrieren und „erspüren", welche Antwort die anderen geben werden, z. B.

Frage:	Wie geht's?
Antwort:	Gut! *(wie aus einem Mund sprechen)*
Frage:	Bist du bereit?
Antwort:	Ja. *(wehe, wenn einer „nein" sagt!)*
Frage:	Wie heißt du? *(Jetzt wird es schwierig!)*
Frage:	Wie alt bist du? *(Noch schwieriger … und gleichzeitig freuen sich alle!)*

Tipp: *Dieses Spiel kann noch weiter entwickelt werden, wenn zwei Gruppen spielen, die einen Dialog miteinander führen, als ob sie nur zwei Menschen wären, z. B. Lehrer und Schüler, zwei Liebende oder Polizist und Verdächtiger.*

Rufe in die Fuge der Stille 23

Sehr gute Aufgabe, um eine konzentrierte Stimmung zu erreichen … sogar mit Kindern und Jugendlichen!

In einer Gruppe soll von 1 bis 25 gezählt werden; die TeilnehmerInnen haben die Augen geschlossen, um keinen Blickkontakt aufnehmen zu können. Jede Zahl darf nur einmal von nur einer Person genannt werden und es darf auch jeweils nur eine TeilnehmerIn die jeweils nächste Zahl aussprechen. Das heißt, die TeilnehmerInnen müssen immer wieder „erspüren", wann ein stiller Moment kommt.

Variante: Rufe in die Fuge mit Wörtern
Diesmal sollen die TeilnehmerInnen gemeinsam – ohne Blickkontakt – einen Brief „diktieren" oder eine Geschichte entwickeln, z. B.: Lieber … Otto … ich … habe … dich … so … lang …

Tipp: *Ein gutes Warm-up für „Experten" (siehe nächstes Spiel).*

Wir sind Experten 24

Diese Übung ist eine Variante der vorherigen Übung (SM 23) und für Menschen geeignet, die bereits einige Erfahrung mit dem spontanen Theater haben.

Das Publikum wählt ein Thema aus, über das der Experte oder die Expertin berichten soll. Es sollte möglichst kein schwerer sozial-politischer Gegenstand sein, sondern kann ruhig etwas ganz Leichtes und sogar Absurdes sein wie etwa „Eichhörnchen" oder „Dachausbau in Grönland".
Ein Interviewer stellt die Fragen und zwei DarstellerInnen, A und B, werden interviewt. Sie beantworten die Fragen gemeinsam, als ob sie eine Person wären. Dabei darf jede DarstellerIn nur jedes zweite Wort in dem Satz sprechen, die beiden wechseln sich also ab, z. B.:

Interviewer: Seit wann beschäftigst du dich mit dem Thema „Dachausbau in Grönland"?
A: Grönland …
B: ist …
A: das …
B: Land …
A: meiner …
B: Träume …
A: und …
B: deshalb …
A: interessiere …
B: ich …
A: mich …
B: seit …
A: Jahren …
B: dafür.

Der Interviewer stellt die nächste Frage.

Bemerkung: *Diese Übung sieht oft wie Gedankenlesen aus! In Wirklichkeit fördert sie das aufeinander Eingehen und die Flexibilität. Manchmal hat eine DarstellerIn einen fertigen Satz im Kopf, muss aber, wenn der/die andere seine eigene Idee hat, blitzschnell umschalten, was nicht immer leicht ist! Wenn dieses Spiel gut durchgeführt wird, sorgt es für viel Verwunderung und Heiterkeit! Es ist eine ausgezeichnete Konzentrations-und-Sensibilitätsübung. Der Interviewer muss sehen, dass die Fragen einfach und relativ kurz zu beantworten sind.*

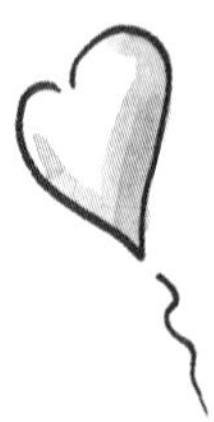

Die Verwandlung des Luftballons 25

Diese ganz einfache Übung kann sogar bei Kindergeburtstagen gespielt werden. Gerade die Schlichtheit fördert „Kreativität ohne Stress“!

Alle TeilnehmerInnen sitzen im Kreis. Eine Person gibt einen Luftballon an die nächste weiter, die irgendetwas mit dem Luftballon macht. Dann erst gibt sie den Luftballon wieder weiter. Wichtig ist, dass die einzelnen TeilnehmerInnen *nicht vorher planen*, was sie mit dem Luftballon machen wollen. Am besten ist es, wenn der Luftballon übernommen und eine Weile damit gespielt wird. So kann die entscheidende Idee während des Spielens entstehen.

Tipp: *Diese Übung wirkt anregend, wenn eine Art „Konzentrations-Trance“ entsteht. Die TeilnehmerInnen denken nicht mehr, sondern haben einen Einfall nach dem anderen!*

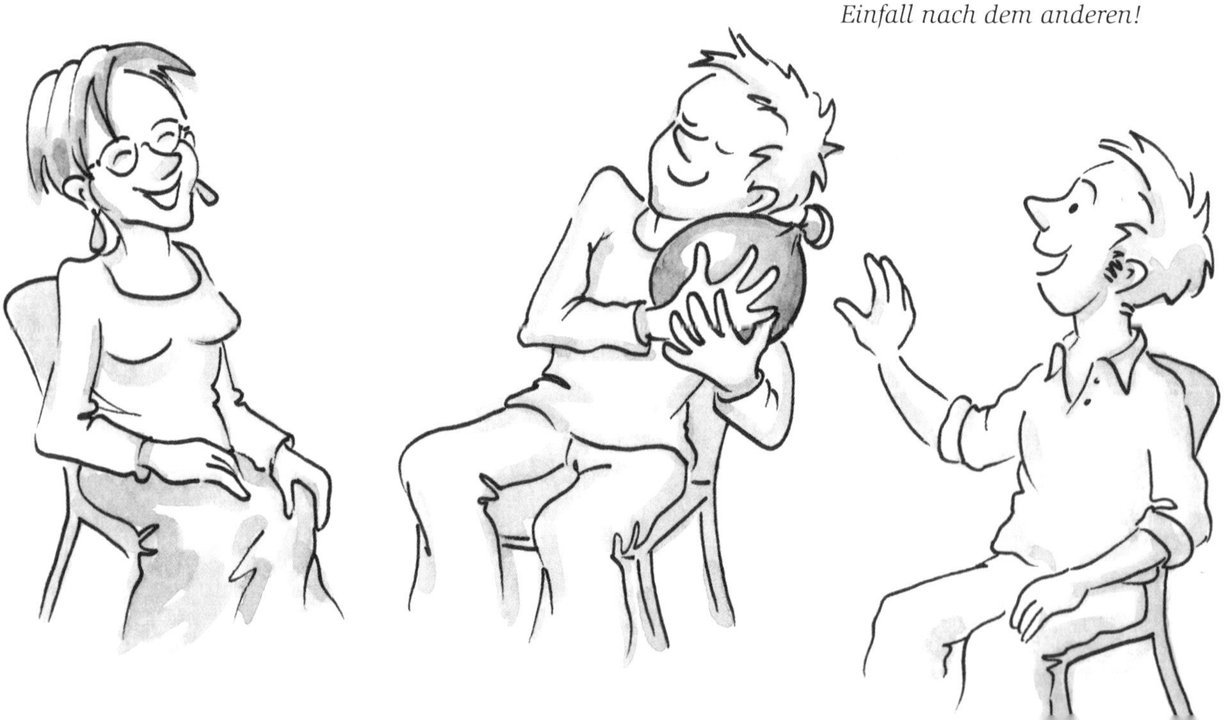

Körpersprache

*„Körpersprache und Weltanschauung gehen immer Hand in Hand.
Neue Stimulationen sind neue Gedanken."*
(Samy Molcho)

Das Unausgesprochene

Evolutionär gesehen sind wir soziale Säugetiere und deshalb an den Botschaften unserer Mitsäuger nicht nur interessiert, sondern auf sie angewiesen. Jedes Signal, das bei uns eintrifft, müssen wir daher so schnell wie möglich interpretieren nach Kriterien wie Vorteil – Nachteil, Gewinn – Verlust, Freund (= Bereicherung) – Feind (= Gefahr).

Es gibt zwei „Straßen", durch die unsere sinnlichen Eindrücke wahrgenommen und im Gehirn verarbeitet werden können. Der erste Weg führt über Neuronen (neutrale Nervenbahnen) direkt zum Thalamus, dem Hauptteil des Zwischenhirns, und wird von dort zur Amygdala (Emotionen) transportiert. Diese Informationen werden sehr schnell, aber mit minimaler Verarbeitung befördert. Der zweite Weg führt zuerst zum Kortex, das ist derjenige Teil der Großhirnrinde, in dem Informationen bewusst verarbeitet werden, und erst danach zur Amygdala. Diese Straße ist viel langsamer, erlaubt aber eine tiefer gehende Analyse der Information. Eine bewusste Einordnung der Signale würde in vielen Situationen, die wir schnell einschätzen müssen, viel zu lange dauern. Daher besitzen wir die schnellen Transportwege der ersten Straße, die automatisch arbeiten. Wir nennen sie die unbewusste Wahrnehmung. Sie interpretiert die Absichten oder Empfindungen anderer Lebewesen vor allem anhand von Körperbewegung und Gesichtsausdruck. Sehr viel von unserem Erleben erfolgt auf diesem schnellen, ersten Weg. Dabei nehmen wir nicht nur das Verhalten der anderen unbewusst wahr, wir erhalten sofort Botschaften, die meistens über körperliche und unbewusste emotionale Reaktionen ablaufen. Unsere rationale Verarbeitung dieser Reaktionen erfolgt viel später. Es ist anhand von zahlreichen Beispielen erwiesen, dass der größte Teil unserer Empfindungen zuerst auf dieser unbewussten Ebene passiert.

Ein Beispiel, das die meisten Menschen kennen, ist, dass unsere Hände feucht werden, noch bevor wir wissen, dass wir Angst haben. Oder, in der Kommunikation erleben wir oft, dass Gefühle in uns aufsteigen, wir uns beispielsweise plötzlich unwohl fühlen und keine Ahnung haben „warum jetzt". Der Grund dafür ist, dass jede Veränderung im Verhalten der anderen, mag sie noch so klein sein, unbewusst registriert wird und in uns eine Reaktion hervorruft, ohne dass wir davon etwas bewusst wahrnehmen. Sogar die berühmte „Liebe auf den ersten Blick" tritt manchmal ein, noch bevor wir ein Wort mit der betreffenden Person gewechselt haben. Dies basiert darauf, dass der Anblick von bestimmten Personen sofort körperliche Reaktionen (Hormonausschüttungen) hervorrufen kann, die erst später von unserem Verstand als „Liebe" gedeutet werden! Und wir wissen inzwischen, dass auch ein Großteil des Lernens auf dieser unbewussten Ebene geschieht. Viele der hier vorliegenden Stimmungsmacher-Übungen basieren auf diesem Wissen und nutzen eine der interessantesten Erkenntnisse der letzten Jahre, nämlich die, dass Menschen Hochleistung erzielen können gerade durch Ausschalten ihres bewussten Denkens.

Unsere unbewusste Wahrnehmung

Unsere erste Wahrnehmung, wenn wir z.B. jemandem begegnen, läuft automatisch über die Sinne ab. Sobald wir z.B. im Alltag jemandem die Hand geben, entwickeln wir automatisch Bilder von diesem Menschen, die unsere weiteren Reaktionen irgendwie beeinflussen. Das heißt, unsere (Vor-) Urteile werden durch diesen ersten Händedruck bereits in Gang gesetzt! Obwohl diese Bilder keiner Wahrheit entsprechen, sondern nur unserer Vorstellung entspringen, tendieren wir dazu, sie als solche zu deuten.

First Impressions 26

In dem folgenden 5-Minuten-Spiel steht die kienästhetische Wahrnehmung im Mittelpunkt.
Wichtig ist, dass diese Wahrnehmungsübung zu keinem Leistungsspiel wird, sondern aufzeigt, dass wir die Welt durch unsere Sinne wahrnehmen, und dass diese Wahrnehmungen oft unbewusste Bilder und Assoziationen hervorrufen.
Es ist erforderlich, dass die Person mit geschlossenen Augen nicht „aufdreht", sondern ruhig und konzentriert das Spiel durchführt. Sie soll keinen Leistungsdruck spüren, da jeglicher Druck unsere Wahrnehmung stört.

- Eine Person A aus dem Publikum kommt freiwillig nach vorne, setzt sich auf einen Stuhl und schließt die Augen.
- Die Spielleitung wahlt aus dem Publikum eine Person B aus und bittet sie auf die „Bühne".
- B schüttelt kurz die Hand von A und geht dann auf den eigenen Platz zurück.

☞ Während des Hin- und Hergehens von B stampft das Publikum mit den Füßen, um zu vermeiden, dass A hört, aus welcher Richtung B kommt, und Rückschlüsse ziehen kann.

☞ A hält weiterhin die Augen geschlossen.

☞ Die Spielleitung stellt A Fragen nach den Assoziationen, die durch die Berührung mit B ausgelöst wurden, z. B.

- Welcher Altersgruppe gehört B an?
- Ist B eine Frau oder ein Mann?
- Wie ist B gekleidet?
- Was hat B wohl für Hobbys?
- Welche Charaktereigenschaften mag B haben?

Bemerkung: *Diese Übung zeigt immer wieder, wie sehr wir an unsere eigenen Spekulationen so überzeugt glauben, als ob „nur diese wahr" wären. Sie gehört zu den Spielen, die jedes Publikum faszinierten, und ist dadurch auch für weniger geübte SpielleiterInnen zu empfehlen.*

Variante

☞ Diese Übung kann auch mit der Stimme durchgeführt werden, indem jemand einen Text vorliest. Das gelingt allerdings nur, wenn die TeilnehmerInnen die Stimmen der anderen *nicht* kennen!

Das erste, was wir von einem Menschen wahrnehmen, ist seine Körpersprache. Da die Gestik am meisten vom Unbewussten gesteuert wird, kann sie nicht bewusst verstellt werden. Aus diesem Grund verrät die Körpersprache so vieles über den Menschen, denn sie ist auch seine „Geschichte". Wenn wir aufmerksam sind, werden wir automatisch zu „Spurenlesern", und lernen so einen bisher fremden Menschen kennen.

Mein Körper erzählt ... 27

Es ist interessant, verschiedene Körperhaltungen auszuprobieren, weil jede Bewegung ein anderes Gefühl erzeugt.

- Die Gruppe geht im Kreis herum.
- Die Spielleitung gibt eine Anweisung für die erste Körperhaltung (z. B. gerade oder krumm, lässig, hektisch usw.). Nach einer Weile ruft sie immer wieder „Wechseln".
- Bei jedem Impuls durch das Wort „Wechseln" bewegen die TeilnehmerInnen ihren Körper anders als vorher.
- Nach einigen Wiederholungen, wenn die Spielleitung bemerkt, dass die TeilnehmerInnen „in ihrem Körper sind", fordert sie alle auf, spontan einen Satz zu erfinden, der gut zu ihrer jeweiligen Körperstellung passt. So könnte z. B. jemand, der krumm und gebeugt wie ein Bettler steht, den Satz „Bitte, gib mir Geld" formulieren.

Variante

Zwei TeilnehmerInnen spielen eine kurze „Szene" in ihren Rollen.

Persönlichkeit und Körpersprache 28

Jede Person hat ihre eigene Körpersprache, die sich genetisch, durch die Kultur, das soziale Umfeld, in dem jemand aufwächst, und ihre individuelle Lebenserfahrung entwickelt. Unsere Körpersprache ist nicht nur ein Teil, sie ist der stärkste Ausdruck unserer Persönlichkeit. Wenn wir unsere Wahrnehmung trainieren, können wir sogar sehr viel über einen Menschen herausfinden, z. B. nur durch die Art, wie er ein Zimmer betritt.

Es ist immer lehrreich (und auch unterhaltsam), mehr über unseren eigenen Körperausdruck zu erfahren. Gleichzeitig aber, wenn wir uns die Körpersprache eines anderen „Typus" aneignen, sind wir oft in der Lage, die Gedanken und Gefühle, d. h. die Persönlichkeit dieses Typus zu erspüren.

In der folgenden Übung nehmen wir nacheinander die Persönlichkeiten von drei verschiedenen Typen an. Es sind:

- der dominante Mensch,
- der leichtfüßige oder fröhliche, manchmal leicht hysterische Mensch,
- der wohlwollende Mensch.

Die TeilnehmerInnen gehen im Raum umher und versuchen, die Körperhaltung so zu gestalten, dass die oben erwähnten drei „Körper-Muster" zum Ausdruck kommen. Dann treffen diese „Charaktere" aufeinander und beginnen einen Dialog.

- Dominant: große Schritte, schwingende Armen, tiefe, laute Stimme.
- Leichtfüßig: sehr freundlich, bewegt sich fast wie im Tanz.

- Wohlwollend: empathisch, leicht zögernde Bewegungen, begrüßt bedeutungsvoll, schaut seinem Gegenüber lange in die Augen.

Hinweis: *Wir bemerken, dass typische Körperhaltungen automatisch eine bestimmte Wortwahl hervorrufen und eine andere ausschließen. Wir müssen bei dem, was wir sagen wollen, nicht viel nachdenken, die Wörter stellen sich „von ganz allein" ein!*

Tipp: *Die Spielleitung kann auch andere Typen vorschlagen oder Vorschläge einholen. Nützlich ist es, danach darüber zu reden, welche Typen für die TeilnehmerInnen leicht zu imitieren waren und welche schwieriger, und warum.*

Variante

Bei einer Inkongruenz von Körper und Sprache merken wir, wie schwierig es ist, eine positive Aussage an eine negative Körperhaltung anzupassen … und umgekehrt.

Die TeilnehmerInnen gehen mit schlaffem und müdem Körper herum und sagen dabei folgende Texte:

1. Es war ein schwieriger Tag.
2. Es war ein wunderschöner Tag!

„Poker-walk!" Eine Körperübung, die niemand schafft! 29

Die Spielleitung gibt einzelnen Personen den Auftrag, aus dem Zimmer zu gehen, es wieder zu betreten und dabei z. B. etwas vom Boden aufzuheben oder sich auf einen Stuhl zu setzen. Dabei versuchen sie, so neutral wie möglich zu gehen, d. h. ohne besondere Emotionen auszudrücken oder eine bestimmte Rolle zu spielen (sozusagen mit einem „poker-face", dem neutralen Ausdruck, den Pokerspieler aufsetzen, wenn sie nicht verraten wollen, wie es gerade um sie steht).
Die Spielleitung (oder eine andere Person) übernimmt den Gang desjenigen, der vorgespielt hat, und ahmt ihn übertrieben nach.
Anschließend sollte sich die Spielleitung auch einmal widerspiegeln lassen!

Tipp: *Die TeilnehmerInnen werden bemerken, dass beim Versuch, „neutral" zu gehen, die Körpersprache doch immer etwas ausdrückt. Diese Übung demonstriert, dass unsere Körpersprache immer ein Ausdruck unserer Persönlichkeit ist, sowie ein Ausdruck unserer momentanen Gedanken oder Gefühle.*

Body-Match 30

Durch die so genannten Spiegelneuronen in unserem Gehirn übernehmen wir, vor allem bei erhöhter Sympathie oder wenn wir auf jemanden eingestimmt sind, automatisch körperliche Aktionen anderer Personen. Das nennt man unbewusste Synchronisation. Schauen Sie sich z. B. ein frisch verliebtes Paar

in einem Restaurant an: Er nimmt eine Zigarette, sie nimmt eine Zigarette; sie putzt sich den Mund ab, er putzt sich den Mund ab.
Wir tendieren dazu, unsere Körpersprache bewusst oder unbewusst an unser Gegenüber anzupassen, vor allem dann, wenn wir diese Person bewundern oder sie ranghöher ist. Damit drücken wir auch unsere Sympathie aus.

Die TeilnehmerInnen bilden Paare, die ein Gespräch führen sollen. Eine Person passt die eigene Körpersprache an die der anderen Person an. Anschließend wechseln sie die Rollen.

Bemerkung: *Die meisten TeilnehmerInnen empfinden diese Übung als sehr angenehm. Das liegt wahrscheinlich daran, dass wir endlich die Anstrengung aufgeben dürfen, originell und individualistisch zu sein! Das gilt sowohl für denjenigen, der sich auf die Körpersprache des anderen einstellt, wie auch für denjenigen, der merkt, dass sein Gesprächspartner sich nach ihm richtet.*

„Blind" sehen 31

Diese Übung zeigt auf, inwieweit unsere Körperhaltung unsere Gefühle bestimmt. Sie fördert Sensibilität und Empathie.

- Zwei Personen, A und B, kommen nach vorne. A schließt die Augen.
- B wählt eine Person C aus, die sofort in ihrer momentanen Bewegung „einfrieren“ soll, d. h. sie darf sich nicht mehr bewegen.

- Nun beschreibt B, wie A sich positionieren muss, um genau so zu sitzen wie C.
- B (oder die Spielleitung) fragt A, wie sie sich in diesem Moment fühlt und welche Gefühle ein Mensch, der so sitzt, haben könnte usw.

Variante

Versuchen Sie, jemanden in ihrer Gruppe so exakt wie möglich nachzuahmen. Wie fühlen Sie sich als Double dieser Person?

Erste Begegnungen 32

Zwei Personen treffen aufeinander und spielen eine „erste Begegnung“, z. B.

- Mann und Frau kommen sich in einer Bar näher …
- Eine neue MitarbeiterIn kommt ins Team …
- Eine neue MitarbeiterIn trifft zum ersten Mal ihren neuen Chef …

Anschließend analysieren die anderen TeilnehmerInnen die Körpersprache der beiden Personen.

Das Geschehene erraten 33

Diese Übung eignet sich sehr gut für Gruppen, in denen die TeilnehmerInnen unterschiedliche Muttersprachen haben, die nicht alle verstehen.

Zwei TeilnehmerInnen stellen eine emotionale Szene in ihrer Muttersprache vor. Die anderen sollen erraten, was geschehen ist, indem sie die nonverbale Kommunikation (Körpersprache und Stimme) gut beobachten.

Variante

Diese Übung kann auch im „Kauderwelsch“ (einer aus mehreren Sprachen gemischte, unverständliche Sprechweise) durchgeführt werden, allerdings ist dies etwas schwieriger, weil man sich auf die Sprache, die man kreiert, konzentrieren muss.

First Date 34

Eine sehr spannende Übung, die zeigt, inwieweit unsere Gedanken, unsere Emotionen und unsere Körpersprache zusammenhängen.

Material: 2 (Männer-)Hüte, Post-its, 1 dicker Faserstift

Ein Mann und eine Frau treffen sich zum ersten Mal in einer Bar und sprechen miteinander. Beide tragen Hüte.

- Die Spielleitung klebt Post-its mit Signalwörtern (z. B. „sehr schön“ für die Frau und „will nur Sex“ für den Mann) auf die entsprechenden Hüte und das Gespräch beginnt.
- Die Partner können nicht sehen, welcher Text auf dem eigenen Hut steht.
- Nach einer Weile werden die Post-its durch zwei neue „Signale“ ersetzt: Auf dem Hut des Mannes könnte nun z. B. „Frauenverachter“ stehen und auf dem der Frau „sucht einen Mann mit Geld zum Heiraten“.

Weitere Vorschläge für „Signaltexte“:

- hässlich
- ist verheiratet, hat drei Kindern
- drogensüchtig
- berühmter Popstar

Bemerkung: *Es ist interessant zu beobachten, wie sich die Reaktionen mit jedem einzelnen Signaltext, der „geheimes Wissen“ offenbart, verändern. Dies gilt insbesondere für die Körpersprache.*

Hören Sie meine Körpersprache? 35

Wir wissen alle, dass unser Gesprächspartner am Telefon unser Lächeln „hört“. Diese Übung zeigt, dass ein Zuhörer durch unsere Körperhaltung einen ganz bestimmten Eindruck bekommt, der oft ziemlich präzise ist. Meistens sind diese Eindrücke unbewusst, beeinflussen aber, inwieweit wir unsere Gesprächspartner oder -partnerin als sympathisch, kompetent usw. erleben.

Material: 2 Stühle

- Eine Person (A) geht aus dem Zimmer.
- Zwei Stühle werden so einander gegenüber gestellt, dass die Lehnen nach innen zeigen und die Sitzflächen nach außen.
- Eine zweite Person (B) setzt sich vorne auf einen Stuhl und nimmt eine bestimmte Körperhaltung ein, z. B. ihre Schultern sind nach vorne gebeugt, die Mundwinkel hängen nach unten, die Beine sind eng zusammengestellt, die Hände liegen auf dem Schoß (= eine typisch depressive Haltung), oder sie flirtet während des Gesprächs ständig mit einer bestimmten Person im Raum.
- A wird mit geschlossenen Augen ins Zimmer geführt und auf den Stuhl gegenüber von B gesetzt, so dass beide mit dem Rücken zueinander sitzen. Jetzt beginnen sie ein fiktives Telefongespräch. Die Leitung oder die Gruppe gibt ein Thema vor, das Bezug zu ihrer Arbeitswelt hat.
- Nach etwa zwei Minuten fragt die Spielleitung A, wie sie sich die Körperhaltung von B vorstellt. Es ist faszinierend, wie genau die Körperhaltung beschrieben werden kann. Das heißt, wir können die Körperhaltung „heraushören“.

Distanz und Annäherung in einer Gruppe 36

Viele Erlebnisse lehren uns, dass Raum „kommuniziert“. Umgestaltungen in Räumen können sogar wichtiger sein als kommunikative Veränderungen. Wie Räume in verschiedenen Ländern betrachtet und benutzt werden, verrät viel über deren Kultur. Durch Beobachtungen der Raumverhältnisse in einer Gruppe können wir einiges über die Gruppe erfahren, z. B. über die Rangverhältnisse.

Material: evtl. fröhliche, entspannende Musik, CD-Player

1. **Runde:** Die TeilnehmerInnen bewegen sich im Raum an einer Wand entlang. Dabei beachten sie, dass sie keine Möbel berühren und vor allem, dass sie einen Abstand zu den anderen Personen einhalten. Sie nehmen auch keinen Augenkontakt miteinander auf.
2. **Runde:** Der Vorgang wird mit veränderten Vorgaben wiederholt. Die TeilnehmerInnen stellen gelegentlich Augenkontakt mit anderen Personen her; sie nähern sich einander langsam; sie nehmen Körperkontakt auf, z. B. haken die Armen ineinander, berühren die Hände usw.

Anschließend reden sie in der Gruppe über ihre Empfindungen, ob der Kontakt mit den anderen angenehm, unangenehm, bedrohlich oder warmherzig usw. war.

Tipp: *Die Spielleitung untermalt den zweiten Teil der Übung mit fröhlicher, entspannender Musik und beobachtet, ob sich die Reaktionen und Erlebnisse der Gruppenmitglieder dadurch verändern.*

Wie nah darf ich kommen? 37

Unser persönlicher Raum ist uns heilig. Wenn uns z. B. in einem Bus eine fremde Person fragt, „Ist der Platz neben Ihnen frei?", würden wir am liebsten antworten, „Bleiben Sie von meinem Territorium fern!" Wir gewähren auch nicht jedem Zutritt zu unserer „Intimsphäre". Manche Berufsgruppen haben einen Sonderstatus (z. B. ein Arzt oder unsere Friseurin), aber selbst das ist nicht in allen Kulturen gleich. Die körperliche Distanz zwischen zwei Menschen sagt auch viel über ihr Verhältnis zueinander aus. Sind sie Liebende, Freunde, Fremde? Wer ist dem anderen überlegen, wer unterliegt. Sind beide mit dieser Distanz zufrieden oder scheint einer sich unwohl zu fühlen?
Die folgende Übung eignet sich sehr gut als Annäherung an diese Problematik und ist eine gute Anregung für Gespräche über interkulturelle Kommunikation oder die Körpersprache von Männern und Frauen.

- Eine Person A kommt nach vorne. Eine andere Person B (oder die Spielleitung) steht etwa drei Meter von A entfernt und geht langsam auf sie zu.
- A sagt nach jedem Schritt von B, ob der Abstand noch angenehm ist.
- Wenn A das Gefühl hat, dass der Abstand zu eng wird und damit in ihren intimen Bereich eingedrungen wird, sagt sie „Stopp".

Gesichtsausdruck

Paul Ekman, der „Guru" der Mimik, stellte fest, dass wir 43 verschiedene Muskeln im Gesichtsbereich haben, mit denen wir bis zu 250 000 verschiedene Gesichtsausdrücke ausführen können. Unser Gesicht drückt unsere Emotionen am stärksten aus und jede Miene produziert auch Veränderungen in unserem vegetativen Nervensystem. Deshalb ist das Lächeln am Telefon nicht nur wichtig, weil der Gesprächspartner es durch das Telefon spürt, sondern weil wir uns beim Lächeln sofort besser fühlen!
Wenn wir uns für den Gefühlszustand unseres Gegenübers interessieren, richten wir unsere Aufmerksamkeit besonders auf das Gesicht.

Face facts 38

Die folgende Übung fördert die Fähigkeit, den eigenen Gesichtsausdruck zu spüren und neue Varianten bei sich selbst zu erforschen.

Zwei TeilnehmerInnen sitzen einander gegenüber und engagieren sich in einem Gespräch. Das Thema wird von der Spielleitung vorgegeben oder von den TeilnehmerInnen ausgewählt (z. B. Smalltalk, Job-Interview, First Date).

- Eine Person redet während der Gesprächsdauer von etwa einer Minute mit hochgezogenen Augenbrauen und weit geöffneten Augen.
- Die zweite Person spricht mit gerunzelter Stirn, also zusammengezogenen Augenbrauen.

Variante

Mit einem anderen Gesichtsausdruck funktioniert diese Übung ebenso und macht Spaß, z. B.:

- viel blinzeln
- den anderen anstarren
- skeptisch lächeln
- nervös lächeln
- beide GesprächspartnerInnen nehmen den gleichen Gesichtsausdruck an

Stimme

Vor einiger Zeit war ich bei einem Lehrertreffen in einer Fachhochschule, in der ich Präsentation unterrichte. Auch alle dort Anwesenden lehren dieses Fach. Dort war eine Frau, die sich als „Expertin“ vorstellte. Egal um welches Thema es sich handelte, die „Expertin“ hatte immer sehr viel dazu zu sagen. Auffallend war ihre Stimme, die leider schmerzerregend war! Jedes Mal, wenn sie sprach, hörte es sich an, als würde ein Messer über einen Teller kratzen. Es war unmöglich, den Inhalt ihrer Rede anzuhören, weil der Klang so unangenehm war. Obwohl sie Präsentation unterrichtet, war es offensichtlich, dass sie sich anscheinend über die Wirkung ihrer Stimme noch keine Gedanken gemacht hatte. Auch Vortragende bei Fachkonferenzen konzentrieren sich oft nur auf den Inhalt ihres Vortrags, ignorieren aber das Instrument, mit dem sie den Inhalt vermitteln, nämlich ihre Stimme. Dies gleicht einem Pianisten, der ein Beethoven-Konzert an einem verstimmten Flügel spielen und erwarten würde, dass das Publikum das Stück genießt.
Eine andere Anekdote, die mich unlängst beeindruckte: Dabei handelt es sich um eine Tonbandaufnahme von Ärzten, die mit PatientInnen sprachen. Diese Aufnahme wurde etwa 100 Menschen vorgespielt. Die Zuhörer sollten erraten, welche der Ärzte schon einmal für einen Kunstfehler angeklagt worden waren und welche nicht. (Die Studie wurde in Amerika durchgeführt, da Ärzte dort häufig angeklagt werden!) Dann wurde die Aufnahme noch einmal gezeigt, wobei die Wörter ausgeblendet wurden und nur der Ton zu hören war. Ärzte, die laut Publikumsmeinung verständnisvoll und engagiert klangen, wurden immer als „nicht angeklagt“ eingestuft. Die Ärzte, deren Ton arrogant klang, wurden vom Publikum der Gruppe zugeteilt, die „schon einmal angeklagt“ worden war. Aufgrund der Aufnahme ohne artikulierte Sprache haben die Zuhörer eine Trefferquote von 94% erzielt!

Zur Erinnerung

- Die Stimme drückt die Einstellung und Gefühle des Sprechers aus.
- Die Emotionen in unserer Stimme geben den Wörtern eine spezifische Konnotation.
- Die Stimme lenkt die Gefühle unserer GesprächspartnerInnen.

Tipp: *Viel Wasser trinken und bestimmte Atem- und Stimmübungen fördern Kraft und Lebendigkeit der Stimme.*

Eine Stimmübung, die auf Yoga basiert 39

Die TeilnehmerInnen stehen in bequemer und „geerdeter" Stellung (Beine leicht gespreizt) und schließen die Augen. Sie atmen tief ein und aus. Beim Ausatmen sprechen sie die Laute **Aah**, ohne zu pressen, bis sie nochmals einatmen müssen. Sie spüren dabei nach, dass die Stimme aus dem Bauch herauskommt.

Afrikanische Stimme 40

Ein weiteres Warm-up für die Stimme, bei dem jeder die emotionale Kraft seiner Stimme spürt.

- Alle TeilnehmerInnen klatschen im Rhythmus in die Hände und sprechen dazu: Aah.aa.
- Eine TeilnehmerIn kommt in die Mitte und singt „freudig": Aah.aa.
- Der nächste Teilnehmer kommt in die Mitte und singt „wütend": Aah.aa.
- Die nächste TeilnehmerIn kommt in die Mitte und singt „traurig": Aah.aa usw.

Ja – Nein 41

Diese und die folgende Übung sind besonders hilfreich für Menschen, die sich nicht trauen, laut zu sprechen.

Die TeilnehmerInnen werden in zwei Gruppen geteilt. Wenn die Anzahl der Männer etwa der der Frauen entspricht, können die Frauen „gegen" die Männer antreten, wenn es ihnen Spaß macht.

- Die Gruppen stellen sich an den gegenüberliegenden Wänden auf.
- Die TeilnehmerInnen der einen Gruppe sagen immer wieder „Ja" (= Ja-Gruppe) und die der anderen Gruppe sagen immer „Nein" (= Nein-Gruppe).
- Am Anfang flüstern sie.
- Während die Gruppen abwechselnd „Ja" und „Nein" sagen, kommen sie sich Schritt für Schritt näher.
- Mit jedem Schritt werden ihre Stimmen lauter, bis sie zum Schluss brüllen!

Variante

Die Übung kann auch umgekehrt erfolgen – d. h. die Gruppen gehen von der Mitte des Raumes aus schrittweise zurück und ihre Stimmen werden immer leiser.

Oh when the saints … 42

Material: evtl. Klavier oder Gitarre (als Begleitinstrument)

Die TeilnehmerInnen singen ein Lied, z.B. „Oh when the saints go marching in" oder „What shall we do with the drunken sailor?". Das Lied soll nicht unbedingt schön gesungen werden, aber kräftig! Um die Gruppe zu motivieren, kann die Spielleitung das Situationsbild von Menschen beschreiben, die um Mitternacht in einer Bar sitzen und schon sehr ungehemmt sind. Sie sind so laut, dass jeden Moment die Polizei kommen kann!

Variante

Ein Männer-Chor singt „gegen" einen Frauen-Chor. Die Chöre wechseln sich ab. Die Frauen werden dabei unterstützt, nicht wie „Engel" zu singen, sondern wie Seemänner! Mit rhythmischem Händeklatschen wird die jeweils andere Gruppe während des Singens angefeuert.

Stimmbilder erzeugen 43

Grundsätzlich können wir unsere Stimme, auch wenn sie untrainiert ist, auf verschiedene Art und Weise nutzen.

- *Volumen (laut – leise)*
- *Geschwindigkeit (schnell – langsam)*
- *Stimmlage (hoch – tief)*
- *Pausen*
- *Modulation (d.h. die „Melodie": wie wir unsere Stimme nach oben und unten bewegen, um den Sinn unserer Wörter zu betonen oder Emotionen auszudrücken)*

Material: verschiedene Gedichte

Die TeilnehmerInnen lesen ein Gedicht sehr ausdrucksstark vor. Sie versuchen es mit Konzentration auf verschiedene Funktionen der Sprache (Melodie, Betonung, Rhythmus usw.) zu sprechen.

„Die Engländer werden dieses Angebot nie akzeptieren!" 44

Stimmtraining ist sehr spannend und unerlässlich für eine erfolgreiche Kommunikation, denn viele Missverständnisse lassen sich auf einen „falschen Tonfall" zurückführen. Darum empfiehlt es sich zu lernen, mit der Stimme das auszudrücken, was wir ausdrücken möchten – und nicht etwas ganz anderes!

Es hat einmal eine Zeit gegeben, in der die Menschen keine Wörter benutzt, sondern nur mit ihrer Stimmgestaltung kommuniziert haben. Im jüdischen Talmud z.B. gibt es weder Vokale noch Satzzeichen. Die fehlende Interpunktion wird durch die Sprachmelodie ersetzt. Diese Eigentümlichkeit findet sich auch im jüdischen Witz wieder. Ein Beispiel:

Was ist Konsequenz? **Heute** so, **morgen** so.

Was ist Inkonsequenz? Heute **so**, morgen so!

Material: evtl. Aufnahmegerät

Die TeilnehmerInnen sagen einen Satz mehrmals hintereinander, z. B. „Die Engländer werden dieses Angebot nie akzeptieren." Jedes Mal betonen sie ein anderes Wort oder einen anderen Satzteil, z. B.

- Die *Engländer* werden …
- Die Engländer werden *dieses* Angebot …

Tipp: Gelegentlich benutze ich ein Aufnahmegerät, damit die TeilnehmerInnen sich selbst hören können. Wie bei einer Video-Aufnahme sind sie oft von ihrer Stimme überrascht!

„Ich bin einverstanden" 45

Genau wie bei der Körpersprache variieren wir die sachliche oder die emotionale Bedeutung von Sätzen immer dann, wenn wir ein Element verändern. Es fällt auf, dass z. B. der Pilot auf einer Flugreise mit ruhiger, tiefer Stimme spricht (und damit Autorität und Kompetenz ausstrahlt), während die Stewardessen mit höherer, melodischer Stimme sprechen (um Fürsorge und Freundlichkeit auszudrücken). Tiefere Stimmen wirken vertrauenerweckend und bringen einen höheren Status zum Ausdruck.

Meistens wissen wir nicht, wie andere Leute unsere Stimme empfinden, und vor allem nicht, ob die emotionale Botschaft, die wir mit unserer Stimme übermitteln wollen, vom Empfänger tatsächlich genauso aufgenommen wird. Wie erzeugen wir Emotion durch unsere Stimme?

- *Wir können „formal" vorgehen, indem wir die oben genannten Techniken bewusst einsetzen, um eine bestimmte emotionale Wirkung zu erzeugen.*
- *Wir können ein Wort oder einen Satz laut, tief und langsam aussprechen und darauf achten, welche Wirkung wir damit erzeugen. Tief, laut und langsam wirkt oft bedrohlich, oder, mit einer anderen Modulation, autoritär. Hoch, laut und schnell gesprochen wirkt oftmals gleich hysterisch.*

In der folgenden Übung wird geübt, „formal" vorzugehen.

Die TeilnehmerInnen sagen den Satz „Ich bin einverstanden" mehrmals hintereinander. Dabei benutzen sie verschiedene Stimmvariationen, um diesen Satz auf verschiedene Art und Weise auszusprechen, z. B. hoch, schnell und leise; tief, laut und mit Pausen zwischen jedem Wort, etc.

Das Auto ist blau 46

Eine weitere Methode ist, unsere Vorstellungskraft zu nutzen. Wenn wir z. B. „bedrohlich" wirken wollen, versetzen wir uns emotional in diese Rolle der Bedrohung; wenn wir traurig wirken wollen, stellen wir uns vor, dass wir traurig sind; wenn wir freundlich klingen wollen, stellen wir uns vor, dass unser Gegenüber unser bester Freund ist, etc.

Meistens sprechen wir, ohne viel darüber nachzudenken. Dennoch wissen wir, dass ein Hund nur sitzt, wenn wir „Platz" in einer bestimmten Art und Weise aussprechen. Wenn unsere Stimme unsicher oder zu leise ist, folgt er nicht. Wenn wir jedoch ein verletztes Kind beruhigen wollen, muss unsere Stimme leise und melodisch klingen.
Die folgende Übung ist unerlässlich für jedes Telefontraining. Wir wissen, dass die Stimme beim Gesprächspartner am Telefon sofort eine emotionale Reaktion hervorruft und Bilder und Assoziationen beim jeweiligen Hörer erzeugt. Die folgende Übung ist eine der erfolgreichsten Stimmspiele und zeigt schnell, ob wir genau das mit unserer Stimme ausdrücken, was wir wollen!

Material: „Stimmungskarten", auf denen eine einzige starke Emotion steht (z. B. traurig, begeistert, ängstlich, verführerisch, erstaunt, fröhlich …)

- Alle TeilnehmerInnen bekommen eine Stimmungskarte.
- Die TeilnehmerInnen behalten die Karten für sich und zeigen sie niemandem.
- Eine TeilnehmerIn sagt den Satz: „Das Auto ist blau" und versucht beim Sprechen die Emotion zu treffen, die auf der Karte steht.
- Die anderen TeilnehmerInnen halten sich während des Zuhörens die Augen zu, damit sie die Mimik nicht sehen, und raten, welche Emotion ausgedrückt werden sollte.
- Die nächste TeilnehmerIn sagt denselben Satz.

Tipp: *Die Spielleitung soll nicht zu „pingelig" sein. Wenn auf einer Karte „traurig" steht und die Gruppe „enttäuscht" rät, ist das ganz in Ordnung. Interessant (und auch lustig) wird es, wenn z. B. auf der Karte „freundlich" steht und die Gruppe „gelangweilt" oder etwas Ähnliches vermutet!*

Zwei NachbarInnen treffen sich 47

In dieser Übung merken wir, wie sogar sehr banale Sätze durch den Tonfall eine andere emotionale Bedeutung annehmen können.

Zwei NachbarInnen treffen sich zufällig in einem Park. Jede sagt einen Satz, z. B.
A: Heute ist ein schöner Tag.
B: Ja, ist es wohl.

Die ZuhörerInnen halten ihre Augen zu. Anhand der Art und Weise, wie die Sätze gesprochen werden, sollen die ZuhörerInnen erraten, welche Beziehung die beiden NachbarInnen zueinander haben bzw. welche Gefühle oder Absichten sich in ihren Stimmen ausdrücken.

Metamorphose der Gefühle 48

Diese Übung beinhaltet ein Telefongespräch mit einem bestimmten Thema, z. B. Termin-Vereinbarung, Beschwerden … oder eine geschäftliche oder private Angelegenheit. Es gibt dabei zwei Ziele: Erstens werden wir darauf gestoßen, wie verschiedene Emotionen die Bedeutung und Stimmung eines Gesprächs steuern. Zweitens sollten wir nicht nur auf die Stim-

mung unserer GesprächspartnerIn eingehen, sondern auch erkennen, dass wir uns nicht unbedingt davon beeinflussen lassen, vor allem dann nicht, wenn es eine negative Stimmung ist.

Material: evtl. „Stimmungskarten“ (s. S. 42, SM 46)

Die TeilnehmerInnen bilden Paare und setzen sich Rücken an Rücken.

- Das Telefongespräch läuft normal an.
- Nach etwa 20 Sekunden sagt die Spielleitung „Stopp!“
- Jede Person bekommt eine bestimmte starke Emotion (z. B. der Anrufer ist wütend, der Angerufene ist fröhlich) von der Spielleitung, von den TeilnehmerInnen selbst oder von einer Stimmungskarte zugewiesen.
- Die Gespräche gehen weiter.
- Nach etwa 30 Sekunden werden sie nochmals unterbrochen und die PartnerInnen tauschen die ihnen zugeteilten Emotionen.

Tipp: *Die Emotionen müssen nicht „kompatibel“ sein. Die Kombinationen können ruhig absurd sein, weil es so noch mehr Spaß macht.*

Hörspiel 49

Material: „Charakterkarten“, auf denen jeweils ein Charakter bzw. eine Charaktereigenschaft steht (z. B. Jammerer, Schleimer, Gestresster, Fröhlicher), 1 mehr oder weniger „sachlicher“ Text (z. B. Protokoll, Zeitungsartikel usw.)

- Die Spielleitung gibt einen Text vor, z. B. ein Protokoll oder einen Zeitungsartikel.
- Verschiedene Personen erhalten eine Charakterkarte und lesen die Texte vor. Sie haben die Aufgabe, wie in einem Hörspiel, diese Charaktere nur mit ihren Stimmen darzustellen.
- Die Zuhörer halten die Augen geschlossen.

Werden alle Charaktereigenschaften erkannt?

Wohin mit der Maus im Urlaub? 50

Die folgenden Texte oder Teile davon werden auf verschiedene Weise von einzelnen TeilnehmerInnen mit unterschiedlichen Gefühlen oder Rollen vorgelesen.

Die Spielleitung gibt die Stimmung oder Emotion vor. Es kann aber auch die LeserIn selber eine Stimmung vorstellen, die die anderen TeilnehmerInnen erraten müssen, z. B.

- Der Leser oder die Leserin hat Angst vor dem Publikum.
- Der Leser oder die Leserin ist betrunken.
- Der neue Liebhaber oder die neue Liebhaberin sitzt im Publikum.
- Der Leser oder die Leserin ist ein berühmter Popstar usw.

Beispieltext: Wohin mit der Maus im Urlaub?

Eine Maus oder auch zwei in den Urlaub mitzunehmen, sollte kein Problem sein. Ein kleiner, aber sehr praktischer Mäusekäfig ist dafür ideal; wenn Sie ihn nicht schon besitzen, lohnt sich die Anschaffung auf jeden Fall. Halten Sie die Mäuse zuhause in einem größeren Käfig oder auf einer Mäuseburg, dann ist so ein kleiner Käfig als Ausweichquartier für die Zeit der Reinigung empfehlenswert.

Der kleine Käfig lässt sich bequem in einen Pappkarton oder in eine kleine Tasche stellen, damit die Tiere es während einer Auto-, Bus- oder Eisenbahnfahrt nicht zugig und auch nicht zu hell haben.

Im Übrigen ist die Reise für sie problemlos. Futter wird ausreichend in den Käfig gegeben. Da Wasser während der Fahrt auslaufen und den ganzen Käfig nass machen kann, sollten Sie stattdessen etwas saftiges Obst in den Käfig legen.

Bei Flugreisen im Inland können Sie bis zu zwei Mäuse in ihrem Käfig als Handgepäck mitnehmen. Doch ist es immer ratsam, sich bei der Fluggesellschaft vor Antritt der Reise zu erkundigen. Bei Auslandsreisen ist eine Anfrage beim Konsulat des jeweiligen Landes unerlässlich. Da fast immer Schwierigkeiten bei Reisen mit Tieren ins Ausland zu erwarten sind, sollten Sie Ihr Tier in eine Urlaubspension geben. Freunde, Verwandte oder Bekannte sind meistens bereit, die Mäuschen für ein paar Tage in Pflege zu nehmen. Stellen Sie eine Pflegeliste auf; geben Sie reichlich Futter und Streu mit sowie alle notwendigen Utensilien. Sie ersparen Ihrer Urlaubsvertretung damit zusätzliche Arbeit.

Beispiele für Emotionen und Stimmgestaltung

Verachtung, Trauer, Enttäuschung, Aggression, Glück, Begeisterung, Angst, Schüchternheit, Hass, Erstaunen, Misstrauen, Hoffnung, Zufriedenheit, Nervosität, Panik, Langeweile, Verständnis, Desinteresse, Freude …

Variante: Für ein großes Publikum von Menschen, die einander nicht kennen, ist es sehr spannend, diese Übung ähnlich wie *First Impressions* (s. S. 28, SM 26) zu gestalten. Dabei schließen die Zuhörer ihre Augen und eine Person liest den Text vor. Wie beim Händeschütteln bemerken wir, dass die Stimme eines Menschen Eindrücke in unserem Gehirn erzeugt, die meistens unbewusst wirken.

Voice Match 51

Diese Übung ähnelt Body Match *(s. S. 31, SM 30). Dieses Mal konzentrieren wir uns auf die Stimme.*

Die TeilnehmerInnen bilden Paare und versuchen, ihre Art des Redens an die des anderen anzupassen (Geschwindigkeit, Volumen, Pausen usw.).

Tipp: *Beobachten Sie dabei Ihre Atmung! Wir tendieren dazu, unsere Atmung an die unseres Kommunikationspartners anzupassen. Auch wenn wir im Publikum sitzen, atmen wir unbemerkt wie der Vortragende. Wenn wir z. B. sehr schnell sprechen, kann es für unser Gegenüber zum Stress werden, uns zuzuhören. Wenn wir zu langsam reden, wird meist Ungeduld hervorgerufen.*

Status

Nicht nur im Berufsleben, auch im Alltag stellen wir Menschen unbewusst (oder ganz bewusst) ein Statusverhältnis her. Dieses Verhältnis beeinflusst gravierend, wie wir einander einschätzen und wie wir uns zueinander verhalten.
Fast jede Kommunikation mit unseren Mitmenschen hat etwas mit Konkurrenz zu tun. Und je enger unsere Beziehung ist, desto mehr konkurrieren wir! Denken Sie an Paare, die lange Zeit zusammen sind, oder an Eltern und Kinder oder Geschwister. Die Essenz eines Statuskampfes ist: „Wer wird wen verändern?" Dieser Kampf kann manchmal hart sein!
Wenn wir jedoch lernen, mit Humor zu (re-)agieren und den Kampf als Spiel betrachten, können wir diese Konkurrenz genießen. Der spielerische Umgang mit Konkurrenz kommt jeder Lebenssituation zugute – das gilt für Geschäftsverhandlungen genauso wie für die Sexualität!

- Hierarchie drückt sich in jeder Beziehung durch Sprache, Körpersprache und Stimme aus, auch durch unseren Umgang mit Zeit und Raum.
- Statusverhalten ist ein Rollenspiel, in dem jeder einmal den Oberen, Mittleren oder den Unteren spielt.
- Es gibt Menschen, die grundsätzlich „Hochstatusspieler" sind, und solche, die grundsätzlich „Niedrigstatusspieler" sind.
- Eine „dominante Rolle" haben heißt, dass viele Statusspiele zu den eigenen Gunsten entschieden wurden!

Status (= Stand, Stellung innerhalb einer Gruppe, in der Gesellschaft) ist immer von Werten und Spielregeln einer Gruppe oder einer Kultur abhängig. In Amerika z. B. wird der Status eines Menschen hauptsächlich durch seinen Beruf bestimmt. Das geht oft so weit, dass ein Amerikaner einen anderen Menschen nicht „positionieren" kann, wenn er nicht weiß, was der andere beruflich macht. Die Frage: „What do you do?" (Was machst du?) bedeutet auch und vor allem: „Was machst du beruflich?" Wenn AmerikanerInnen Beziehungen mit Menschen aus anderen Kulturen aufnehmen, sind sie oft verwirrt, weil in vielen anderen Kulturen der Status eines Menschen von ganz anderen Dingen bestimmt wird.

Statusspiele

Für jeden Menschen ist es von existenzieller Bedeutung, geschätzt zu werden. Deshalb spielt Status so eine große Rolle im Leben. Wenn zwei männliche Affen in einem Käfig eingesperrt sind, beginnt sofort ein Kampf um den Rang. Aus dieser Stress-Situation geht einer der Konkurrenten als Sieger hervor. Der Unterlegene wird aber auch dann noch an dem entstandenen Stress leiden, wenn der Kampf vorbei ist, da sich Stress nicht von allein minimiert, selbst dann nicht, wenn sich die Affen in zwei getrennten Käfigen befinden. Bleibt aber die Käfigtür zum Sieger geöffnet und der „Verlierer“ hat jederzeit Zutritt zum „Sieger“, stirbt der unterlegene Affe innerhalb weniger Tage!

Bemerkung: *Je weniger feste, institutionalisierte Hierarchien vorhanden sind, desto wichtiger wird das informelle Statusverhalten. Daher gehen flachere Hierarchien und intensivere Statusspiele meistens Hand in Hand.*

Status und Körpersprache

„Der Körper als soziales Gebilde steuert die Art und Weise, wie der Körper als physisches Gebilde wahrgenommen wird.“ (Marcel Maus)

Status ist als etwas zu verstehen, das man *tut*: Er bezeichnet unser Verhalten anderen gegenüber. In der physischen Wahrnehmung und im Ausdruck des Körpers wird eine bestimmte Gesellschaftsauffassung manifest. Ein bestimmter Status verlangt eine bestimmte Körpersprache, aber diese ist nicht immer universell, sondern ändert sich mit der Zeit. Hier ein Beispiel:
Königin Elisabeth hat die typische Haltung einer englischen Aristokratin und gehört zu der Generation, in der diese Körperhaltung erlernt werden musste. Wie anders hat sich Nelson Mandela verhalten, als er 1997 Buckingham Palace besucht hat. Die Royals haben zu seinen Ehren eine afrikanische Jazzband eingeladen und Mandela hat sofort angefangen, locker zu tanzen! Um ihn nicht zu beleidigen, fingen auch die Royals an zu tanzen, und ein Reporter berichtete am nächsten Tag mit Häme, wie steif sich Prince Phillip hin und her gewälzt hat!

Verhaltensweisen, die den Status sichtbar machen

Gesichtsausdruck

In einem hierarchischen System halten diejenigen, die ganz oben stehen, ihr Gesicht und die Informationen, die von ihnen ausgehen, für gewöhnlich streng unter Kontrolle. Diese Menschen werden häufig als *Pokerface* bezeichnet. Der Grund dafür ist, dass Hochstatusspieler (immer noch meistens Männer) oft sehr ernst schauen. Auch deshalb wirkt es wie eine Unterwerfung, wenn Frauen zu viel lächeln.

Gang

Die Gangart von so genannten Hochstatusspielern wird häufig als energisch beschrieben. Sie machen große Schritte.

Körpernähe

Wer berührt wen? Es ist allgemein „gestattet“, dass die Person mit dem so genannten höheren Status die mit dem niedrigeren Status unter Umständen berühren darf (z. B. Lehrer den Schüler), aber nicht umgekehrt. Auch das „anerkennende Klopfen“ auf die Schulter, das männliche Vorgesetzte oft für ihre Sekretärinnen parat haben, sorgt dafür, dass sie – die Frau als Sekretärin – nicht anders kann, als die dankbare Unterwürfige zu spielen.

Umgang mit Raum

Der „Hochstatusspieler“ nimmt grundsätzlich mehr Raum ein als ein „Niedrigstatusspieler“, das gilt auch in Gesprächssituationen.

Umgang mit Zeit

Der „Hochstatusspieler“ lässt auf sich warten. Ein „Niedrigstatusspieler“ darf aber nicht auf sich warten lassen!

Persönlich werden

Ein Chef fragt z. B. seinen Fahrstuhlführer, wie es ihm geht, aber nicht umgekehrt!

Loben

Wir kennen die Phrase „Wer lobt, ist der Chef“. Es ist schwierig, Lob abzuwehren, weil es uns an die Akzeptanz erinnert, die wir als Kind bekommen oder nach der wir uns gesehnt haben.

Fragen als getarntes Kommando

Fragen wie „Frau Müller, können Sie bitte Kaffee kochen?“, zeigen klar, wer hier der Chef ist.

Tonfall, Wortwahl, Unterbrechung

Weitere Verhaltensweisen der „Hochstatusspieler" zeigen sich in der Art des Tonfalls, der Wortwahl, der Unterbrechungen beim Reden von anderen usw.

Geschlechtsunterschiede (Gender)

Die Verhaltensregeln für Frauen waren in der Vergangenheit sehr verkrampft und streng, um weibliche Demut zu zeigen (Beine zusammen, Kopf gebeugt, nicht direkt in die Augen schauen usw.). Diese Verhaltensweisen existieren teilweise noch heute.

Frauen blinzeln deutlich mehr als Männer *(Augenblinzeln ist ein Zeichnen der Unsicherheit)*, Frauen gehen mit leichten und schnellen Schritten und tendieren dazu, sich überall „klein" zu machen. Sie neigen auch ihren Kopf häufig zur Seite. Männer halten meist ihren Kopf gerade, was eine bedrohliche und konfrontationsbereite Wirkung hat.

Interkulturelle Unterschiede

Weil nicht jede Kultur die gleichen Statusregeln hat, kommt es gerade im Statusverhalten oft zu interkulturellen Missverständnissen. Obwohl z. B. Japan eine sehr hierarchische Gesellschaftsstruktur hat, ist das körperliche Imponiergehabe vieler europäischer Hochstatusspieler in Japan als Unbescheidenheit verpönt. Ein weiteres Beispiel ist die Reaktion zahlreicher amerikanischer oder europäischer Geschäftsleute, die empört sind, wenn man sie in einem südlichen oder asiatischen Land warten lässt, da die Menschen dort einen anderen Zeitbegriff haben.

Blockierende Statushandlungen

Wenn sich Statusspiele in Gruppen, Teams oder Lerngruppen unbewusst abspielen, wirken sich diese meistens destruktiv auf die Zusammenarbeit aus. Sobald wir aber in einer Gruppe blockierende „Statushandlungen" humorvoll als *Spiel* aufführen, verbessert sich schlagartig die Stimmung. Humor ist ein sehr nützliches Mittel für die Demontage von Statusspielen und hilft uns, unsere eigenen Statusängste zu verstehen und zu überwinden.

Tipp: *Die Arbeit mit Statusspielen ist ausgezeichnet für Verkaufs- und Führungskräfte-Trainings sowie für Teambildung. Dadurch lernen wir*

- *körperliche Signale zu durchschauen, insbesondere die auf Machtspiele bezogenen, und darauf bewusst zu reagieren;*
- *die Wirkung der eigenen Signale (Haltung, Stimme, Sprache) in Bezug auf den kommunikativen Status zu erkennen;*
- *Flexibilität im kommunikativen Status zu erproben (Anpassung an die Situation)*
- *Durchsetzungsvermögen gegenüber HochstatusspielerInnen.*

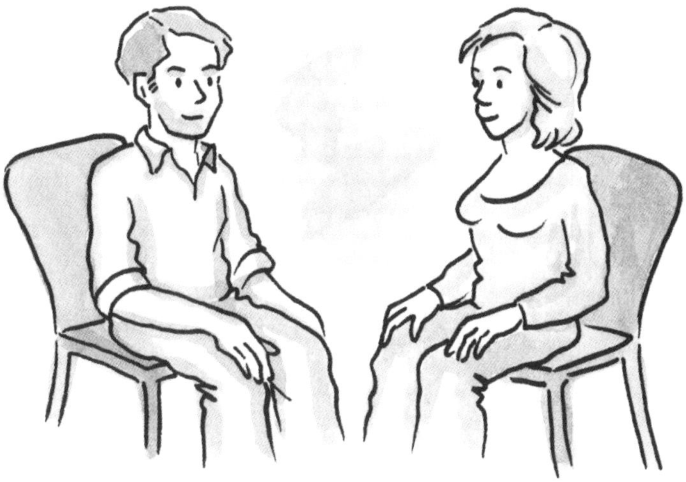

- Nach Vorbild der Spielleitung wechseln die Personen immer wieder ihre Körperhaltung, z. B. Kopf hoch, Brust raus oder mit den Augen auf den Boden schauen, Füße nach innen, usw.
- Mit jeder Veränderung erleben die „DarstellerInnen" und das Publikum, wie sich durch die Körperhaltung das Statusgefühl und das gegenseitige Statusverhältnis verwandeln.

Tipp: *Nach diesen wortlosen Darstellungen kann sich ein Dialog bzw. eine Szene zwischen den beiden Personen ergeben. Die möglichen Dialoge sollen von ihnen spontan erfunden werden und durch die eingenommene Körperhaltungen „vorgegeben" sein.*

Wer ist hier der Boss? 52

Die Menschen der westlichen Kultur verlassen sich hauptsächlich auf die verbale Kommunikation. Diese Übung macht bewusst, wie sehr unser Statusgefühl mit unserer Körperhaltung zusammenhängt und dass die Körperhaltung unsere KommunikationspartnerInnen ebenso beeinflusst, wie wir ihren Status wahrnehmen.

- Zwei Personen sitzen vorne auf ihren Stühlen einander gegenüber.

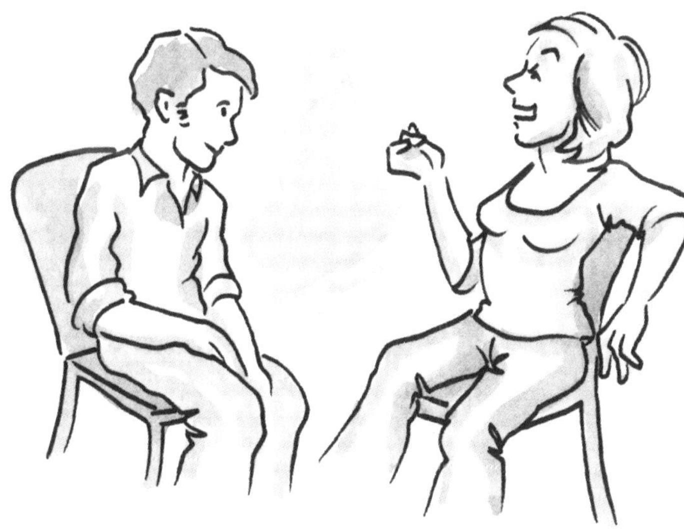

Riesenvögel 53

Für Menschen, die dazu tendieren, „gebückt" zu gehen, wird diese Übung sehr nützlich sein. Sie fühlen sich plötzlich, als ob sie über den Dingen schweben. Wie selbstbewusst sie auf einmal sind, wenn sie diese Haltung annehmen!

Die TeilnehmerInnen gehen herum und bewegen sich so, als wären sie große Vögel mit riesigen Flügeln, die sich langsam und anmutig hin und her bewegen.

Cocktailparty 54

Szene: Fest oder Society-Treffen

Die TeilnehmerInnen gehen im Raum umher und begrüßen einander wie auf einem Fest oder in einem anderen vornehmen Rahmen. Einzelne Personen bleiben immer wieder ein wenig stehen, um Smalltalk zu betreiben.

- Die eine Hälfte der „Gäste" spielt Personen mit einem hohen Status, die andere Hälfte spielt solche mit einem niedrigen.
- Alle TeilnehmerInnen gehen als dominante **oder** unterwürfige Personen umher und konzentrieren sich besonders auf ihre Körpersprache.
- Anschließend tauschen die jeweiligen Gruppenhälften ihre Statusrollen untereinander.

Hochstatus-SpielerInnen …

- halten ihren Kopf total steif.
- blinzeln selten.
- gehen mit großen, energischen Schritten.
- schauen auf andere Personen herab.

Auch andere Verhaltensweisen wie „laut reden", „ausladend gestikulieren" etc. können ergänzend eingebracht werden.

Niedrigstatus-SpielerInnen …

- fassen sich oft ins Gesicht.
- blinzeln viel, sind unsicher.
- reden immer ein bisschen so, als ob sie außer Atem wären.
- schauen ihren GesprächspartnerInnen nie direkt in die Augen.

Überbieten 55

Direkt aus dem Leben gegriffen!

- Eine Person spielt eine alltägliche Aktivität, z. B. Putzen.
- Jede weitere Person verkörpt jemanden mit einem vermeintlich höheren Status.

Variante: Verschiedene Personen spielen jemanden mit einem vermeintlich niedrigeren Status.

Wichtiger Hinweis: *Wir dürfen nicht meinen, dass es unbedingt besser ist, den „höheren Status" zu spielen, und unbedingt schlechter, den „niedrigen". Dasselbe gilt für die umgekehrte Wertung. Welchen Status wir wählen, hängt jeweils von unseren Aufgaben oder von unserer Situation ab. Es gibt positive wie negative „Hochstatus-SpielerInnen" und positive wie negative „Niedrigstatus-SpielerInnen". Das liegt nicht am Rang an sich, sondern an der Art, wie wir uns unserer Umgebung gegenüber verhalten.*

Status-Austausch 56

Sympathisch wirkende Menschen können oft und schnell zwischen dem hohen und dem niedrigen positiven Status wechseln. In vielen Situationen (z. B. im Verkauf und in Verhandlungen) ist es eine gute Strategie, manchmal einen Statuswechsel vorzunehmen.

Die Spielleitung gibt eine Situation zwischen zwei Personen vor oder lässt die TeilnehmerInnen etwas vorschlagen, z. B.

- Verkäufer – Kunde
- Ehepartner
- Verbrecher – Polizist

Während des Spiels verhält sich eine der Personen eindeutig wie jemand mit „hohem Status", die andere eindeutig wie jemand mit „niedrigem Status".
Nach ein paar Minuten werden die Rollen getauscht oder insofern verandert, als z. B. beide den „höheren Rang" oder beide den „niedrigen Rang" spielen.

Status-Chart

„Positiver" Hochstatus*
(denken Sie an eine beliebte Lehrerin)

Zum „positiven Hochstatus" gehören Attribute und Verhalten wie

Gerechtigkeit
Freundlichkeit
Klarheit
Einfühlungsvermögen
Großzügigkeit
Bescheidenheit
Charisma
Kompetenz
Vertrauenswürdigkeit
Humor
Geduld

Je mehr diese Attribute in der Kommunikation von Personen vorhanden sind, desto eher erhalten die Personen „Anerkennung" von ihren GesprächspartnerInnen.

* Dieses Wort ist ein so genannter „Anglizismus", es wurde dem englischen Begriff *highstatus* entlehnt.

„Negativer" Hochstatus
(denken Sie an einen verhassten Lehrer)

Zum „negativen Hochstatus" gehören Attribute und Verhaltensweisen wie

Egoismus
Eitelkeit
Arroganz
Launenhaftigkeit
Brutalität
Humorlosigkeit
Unsensibilität
Härte
Ungerechtigkeit
Ungeduld
Kleinlichkeit

Ein Auftreten mit diesen Attributen erzeugt oft Widerwillen und Aggression oder schleimige Unterwürfigkeit mit versteckten Hass!

„Positiver" Niedrigstatus
(denken Sie an eine unterstützende Mitarbeiterin oder engagierte Studentin)

Zum „positiven Niedrigstatus" gehören Attribute und Verhaltensweisen wie

Hilfsbereitschaft
Begeisterung
Flexibilität
Zuverlässigkeit
Kreativität
Freundlichkeit
Unterstützung

„Negativer" Niedrigstatus
(denken Sie an einen unfreundlichen Hausmeister in der Schule)

Zum „negativen Niedrigstatus" gehören Attribute und Verhaltensweisen wie

Unterwürfigkeit
Unzuverlässigkeit
Gleichgültigkeit
Widerwillen
Unnachgiebigkeit
Sturheit

Status-Treffen 57

Oft sind so genannte sachliche Gespräche in Wirklichkeit ein Art „Statusversteigerung", bei der einer den anderen zu übertreffen versucht. Wenn wir uns dessen bewusst sind, klären sich viele Kommunikationsstörungen schnell auf, da wir merken, dass sie durch Status- bzw. Machtspiele verursacht werden. Wenn sich zwei Menschen begegnen, auch am Telefon, agiert oft eine unausgesprochene Frage zwischen den GesprächspartnerInnen: „Wer ist hier der Chef?" oder: „Wer erkennt wen als den Überlegenen an?" Wenn diese Frage nicht geklärt ist (etwa durch formale Hierarchien, Wissen, Energie, positive Ausstrahlung, Alter etc.), entsteht häufig ein Kampf um die Rolle des „Überlegenen", der sich für die Kommunikation als störend auswirkt!

1. Schritt: Die TeilnehmerInnen bilden Kleingruppen, die Erfahrungen zusammentragen, in denen sie Macht- bzw. Rangausübung und -demonstration erlebt haben, z. B. beim Militär, mit einem Polizisten, in Ämtern, als Schüler, in Krankenhäusern, beim Arzt, in der Chefetage, innerhalb der Familie usw. Dabei denken sie besonders an *Ort*, *Körpersprache*, *Tonfall* und *Status-Symbole*. Jede Gruppe führt ein kurzes Protokoll darüber.
2. Schritt: Jede Kleingruppe erfindet gemeinsam einen Sketch, in dem mögliche Machtmittel bewusst eingesetzt und deren Wirkungsweise sichtbar gemacht werden, und führt ihn in der großen Gruppe vor.

Variante: Statusspiele im Alltag
1. Schritt: Die TeilnehmerInnen bilden Gruppen von drei bis vier Personen. Sie sammeln Ideen von Alltagssituationen, die sie als Statusspiele erlebt haben. Dieses Brainstorming dauert etwa fünf bis zehn Minuten.
2. Schritt: Jede Gruppe erfindet einen Sketch, der diese Alltagssituation widerspiegelt. Anschließend präsentiert jede Gruppe eine der gemeinsam „gefundenen" Alltagssituationen. Danach wird über jede Szene diskutiert und in der Gesamtgruppe überlegt, wie man mit dem jeweiligen verschiedenen „Statusspiel" umgehen bzw. „es" auflösen kann.

Umgang mit (negativem) Hochstatus 58

Wenn wir erleben, dass unsere KommunikationspartnerIn ein dominantes Verhalten an den Tag legt, tendieren wir dazu, uns unterwürfig zu verhalten. Das trifft besonders dann zu, wenn die Hierarchie dieses Verhalten unterstützt (z. B. Vorgesetzter – Untergebener). Dieses Verhalten wird oft verstärkt, wenn der Vorgesetzte ein Mann ist und die Untergebene eine Frau, oder wenn eine von beiden von vornherein die Vorstellung hat, den niedrigen sozialen Status zu besitzen (wie manchmal eine Verkäuferin ihrer Kundin gegenüber).
Diese Übung regt dazu an, eine ungleiche Statussituation so zu gestalten, dass im Gesprächsverlauf beide Personen auf der gleichen Statusebene, einer so genannten „partnerschaftlichen Beziehung", ankommen. Außerdem werden Strategien entwickelt

für den Umgang mit einer (negativen) Autorität. Dabei wird das spontane Erforschen kreativer Lösungen gefördert. Durch die spielerische Darstellung von Alltagssituationen werden wir freier in unseren Verhaltensmustern.

Zwei DarstellerInnen spielen eine Szene, in der die Statuspositionen ungleich sind, z. B. Polizist vs. Verdächtiger, VorgesetzteR vs. MitarbeiterIn, LehrerIn vs. SchülerIn. Die „Autorität“ stellt sich entsprechend dominant dar, so dass die andere Person automatisch in die „niedrige Statusrolle“ rückt.
Die Aufgabe der „Rangniedrigeren“ ist es, so zu reagieren, dass die Rollen während des Gespräches getauscht werden können, oder beide auf die gleiche Ebene kommen, z. B. durch Lob, Fragetechniken, Körpersprache, Humor, Konfrontation etc.

Topdog? 59

Dieses ist eines meiner Lieblingsspiele. Ich habe es an zahlreichen Seminaren sowie bei Theaterperformances eingesetzt. Dabei lade ich einfach zwei Männer („Freiwillige") auf die Bühne und erkläre ihnen das Spiel (s. u.). Auffallend ist, mit welcher Begeisterung fast jeder Mann sich in dieses Spiel wirft und wie das Publikum sich freut, etwas anzuschauen, was sie alle sofort erkennen! Mein üblicher Kommentar, nachdem ich mich bei den Darstellern bedankt habe, lautet: „Die Männer können es!"

Zwei Personen, z. B. zwei Männer, treffen sich. Ort und Situation werden von der Spielleitung vorgegeben oder von den TeilnehmerInnen vorgeschlagen. Beide Darsteller spielen ihren Status so, dass jede Person immer wieder in einer etwas höheren Statusposition ist, als die andere und versucht dabei, die andere in eine niedrigere Statusposition zu drängen.

Bemerkung: *Die Frage taucht dann natürlich auf: „Was ist mit der Frauen? Wie machen sie das?" Erfahrungsgemäß haben manchmal die Frauen mehr Hemmungen, in so einem Konkurrenzspiel einzusteigen. Es fehlen ihnen die Bilder dazu, die den Männern meistens sofort einfallen. Ich habe aber schon sehr starke, komische Konkurrenzdarstellungen von Frauen erlebt. Die Frauen sind dabei Meisterinnen des Hinterhältigen! Sie arbeiten wirklich „unter der Gürtellinie", während die Männer tendenziell ihre Angeberei herausstellen!*

Status-Sandwich 60

Wir wechseln unser Statusverhaltung ganz automatisch, je nachdem ob wir mit jemandem kommunizieren, den wir als „über uns" oder als „unter uns" stehend einschätzen. Leute, die dieses Verhalten extrem betreiben, sind meistens schlecht angesehen, weil sie nach oben „schleimen" und nach unten „hacken". Trotzdem, jedes gesellschaftliche Wesen (auch Tiere wie Wölfe oder Affen) ist sensibel Rangordnungen gegenüber und praktiziert ausgeprägte oder subtile Statusspiele.

Die Personen kommen auf die Bühne. Jede Person wählt eine gesellschaftliche Position (1 = hoch, 2 = mittel und 3 = niedrig) aus und versucht, den anderen gegenüber in einer entsprechenden Art und Weise zu agieren. Charaktere und Ort werden von der Spielleitung vorgegeben oder von den TeilnehmerInnen vorgeschlagen.

Geheimer Status 61

Dieses Ratespiel ist eine Variante von „Status-Sandwich" (SM 60) und ist sehr zu empfehlen.

Drei DarstellerInnen gehen aus dem Gruppenraum, um sich für ihre „Statusrollen" zu entscheiden.
Anschließend agieren sie analog zum Spiel „Status-Sandwich" vor der Gruppe.
Die Zuschauer sollen erraten, welcher Status von welcher Person dargestellt wurde.

Status-Überdrehung 62

Diese Übung beschäftigt sich mit den Veränderungen in Körperhaltung, Stimme und Sprache etc., die eintreten, wenn wir unseren Status ändern.

Drei Personen sind mit ihren jeweiligen Statusrollen (1 = hoch, 2 = mittel und 3 = niedrig) an ein Geschehen gebunden wie im Spiel „Geheimer Status“ (SM 61). Nur ist diesmal der Fokus auf das Verhalten der mittleren Position gerichtet. Diese Person ist sehr überheblich, wenn sie mit Nr. 3 redet. Aber sie verdreht sich völlig, wenn Nr. 1 hinzukommt, der gegenüber sie sich sehr unterwürfig verhält. Wenn Nr. 1 die Szene verlässt, ändert sich ihre Haltung wieder und sie kommuniziert mit Nr. 3 weiter in einer arroganten Art und Weise.

Bemerkung: *Dieses Spiel kann sehr unterhaltsam für das Publikum sein. Es zeigt auf, wie wir uns im Leben „verdrehen“. Die Spielleitung kann die Szenen mehrmals „laufen“ lassen, was, wenn Nr. 2 ihre Rolle gut spielt, für viel Heiterkeit sorgt! Es kann ohne Weiteres auch zu einer interessanten Diskussion über Gruppendynamik führen.*

Variante 1

Diese Variante zeigt, wie sich unsere Körpersprache an unsere Statusgedanken anpasst.

- Alle gehen herum und begrüßen einander freundlich.
- Diese Freundlichkeit steigt bis zur Bewunderung an und mündet dann langsam in absolute Unterwerfung.
- Wir bemerken, wie wir automatisch den Kopf neigen, stärker blinzeln und sich unser Körper überhaupt auf Unterwerfung einstellt.

Variante 2

Die Spielleitung bildet zwei Gruppen. Während Gruppe A die Aufgabe erhält, immer unterwürfiger zu werden, wird Gruppe B immer verächtlicher.

Bemerkung: *Das zeigt die „Statuswippe“ (Keith Johnstone), die wir im Alltag oft erleben!*

Wer gewinnt den besten Platz? 63

Hier agieren vier Personen in einem Geschehen, z. B. bei der Besichtigung eines neuen Büros. Frage: Wer bekommt welchen Arbeitsplatz?

1. Spielrunde: Alle kämpfen um den besten Platz.

2. Spielrunde: Alle kämpfen um den schlechtesten Platz.

Bemerkung: *In Runde 2 geht es darum, eine Art „Opferwettbewerb“ zu veranstalten. Ziel ist es, seinen Charakter so darzustellen, dass die eigene Rolle die größere „Opferrolle“ ist. Man zeigt, dass man den schlechtesten Platz „verdient“ hat, indem man z. B. sagt, „Niemand hier mag mich. Sie wollen sicher, dass ich weit weg sitze“ oder „Ihr verdient alle viel mehr. Ich möchte bescheiden sein.“*
Diese Runde kann sehr amüsant sein und dabei aufzeigen, welche „Tricks“ wir und unsere Mitmenschen benutzen, um als Opfer dazustehen! Ein „Opferwettbewerb“ ist eigentlich ein umgekehrter Statuskampf!

Sie sind gefeuert! 64

Eine weitere, sehr genussvolle Art, Statusverhalten zu üben, ist, wenn die Rollen als „Herr" und „Diener" besetzt werden. Die Agierenden versuchen, einen „exzentrischen anderen" zu positiven Gefühlen ihnen gegenüber zu bewegen. Für denjenigen, der den Diener oder die Dienerin spielt, ist es wie ein „Mensch-ärgere-dich-nicht"-Spiel, weil er oder sie fast nie „durchkommt". Erfahrungsgemäß lernen die SpielerInnen aber nach ein paar Runden, positive Gefühle für sich beim „Herrn" zu erzeugen. Sie erkennen schnell, dass der „Herr" ihnen vielleicht verzeiht, wenn sie es am Anfang schaffen, positive Gefühle für sich hervorzurufen. So ist es im Leben auch.

Eine Person spielt den Herrn oder die Herrin. Eine andere versucht, „den perfekten Diener" oder „die perfekte Dienerin" zu spielen.

Der „Herr" wirft seine DienerInnen mit einem Fingerschnipsen „hinaus", wenn diese nur den kleinsten Fehler machen. Er darf dabei total ungerecht sein! Alles, was einen „Herrn" stören könnte, kann ein Grund sein, den Diener oder die Dienerin ohne Erklärung hinauszuwerfen.

Beispiele für „Fehler":
Zu lange schauen, falsch schauen, zu lange warten, zu viel reden, nicht genug reden, negative Botschaften aussenden, zu schleimig sein …
Nach jeder Handlung erklärt der „Herr", warum er den Diener „gefeuert" hat. Dann versucht ein neuer Diener (oder eine neue Dienerin) sein (ihr) Glück.

Tipp: *Interessant und auch einleuchtend ist, wenn dieses Spiel als Variante „Chef und Untergebener", „VerkäuferIn und KundIn" oder „Geliebte und AnwärterIn" gespielt wird!*

Luftballon-Schlacht 65

Eine Variante des „Herr-und-Diener-Spiels" (SM 64).

Material: mehrere längliche, aufgeblasene Luftballons (weil sie sehr leicht platzen)

Statt den Diener „hinauszuwerfen", schlägt der Herr den Diener mit einem Luftballon, wenn er einen Fehler macht!

Variante

Es gibt zwei Diener, die auf je einer Seite ihres Herrn sitzen und willkürlich geschlagen werden!

Die Diener können auch Faxen machen, wenn der Herr gerade nicht schaut.

Wenn der Herr die Diener aber erwischt, gibt es wieder Schläge!

Bemerkung: *Es macht sehr viel Spaß, den „Herrn" oder die „Herrin" zu spielen und seine Aggressionen „einfach so" auszuleben. Die Diener haben auch ihren Spaß, den Herrn zu ärgern, insbesonders dann, wenn sie zu zweit sind!*

Affirmation und Negation

„Jeder Mensch entscheidet mehr oder weniger selbst,
welche Erlebnisse er haben wird,
nach der Art und Weise, wie er blockiert oder bejaht."
(Keith Johnstone)

In unserem Alltag werden unsere Stressgefühle oft von „unausgesprochenen" Kleinigkeiten verursacht. Diese Begebenheiten, die wir manchmal nicht einmal bewusst wahrnehmen, „grübeln in uns herum" und verursachen Druck und ein allgemeines Gefühl von Unwohlsein. Jeder kennt das! Manche können besser damit umgehen als andere – wir nennen diese Menschen positiv, ausgeglichen oder bejahend. Andere Menschen tun sich schwerer und geraten, sobald sie den geringsten Konflikt spüren, leicht in Panik und werden aggressiv. Diese Menschen nennen wir (über-)sensibel oder (über-)empfindlich. Die Kommunikation mit ihnen ist schwieriger als mit anderen.

Nun sind wir aber alle der ständigen Nähe unserer Mitmenschen und ihren Anforderungen ausgeliefert. Wir nehmen alles wahr, auch die kleinsten emotionalen Schwingungen der anderen. Und es sind gerade diese Emotionen, – nur Nuancen im Verhalten wie Gefühle von Akzeptanz oder Abwehr, verborgene Absichten, versteckte Machtspiele, die den Kommunikationsprozess positiv oder negativ beeinflussen, – und nicht der „Sach-Inhalt" der Kommunikation, der dabei meistens im Vordergrund steht.

Da Kommunikation grundsätzlich aus einem Angebot und einer Reaktion besteht, sind die Aktionen und Reaktionen im Kommunikationsspiel entweder positiv, d.h. sie bringen die Kommunikation weiter, oder sie sind negativ, d.h. sie blockieren. Wir alle blockieren im Alltag bewusst oder unbewusst. Wir lernen das Blockieren schon im Kleinkindalter. Jede(r) Dreijährige weiß genau, wie sie oder er die Eltern auf die Palme bringen kann! Und wir verwenden diese „In-der-Kindheit-gelernten" Methoden als Erwachsene weiter und quälen unsere KollegInnen, unsere PartnerInnen und unsere FreundInnen damit!

Es gibt so viele Blockierungsmethoden, wie es Menschen gibt: jemanden einschüchtern, jammern, zickig sein, jemanden ignorieren, jemanden ständig unterbrechen, ja sogar krank werden gehört dazu. Mit allen diesen Möglichkeiten setzen wir uns bei kleinen Machtspielen durch! Natürlich ist unsere Blockade auch für uns selbst destruktiv, weil wir umso weniger Spaß im Leben haben, je mehr wir blockieren.

Wir kennen alle die typisch „bejahenden“ Menschen: Sie akzeptieren die meisten Anregungen, kümmern sich nicht um eine verinnerlichte Kontrolle ihrer Impulse und drücken sich frei und spontan aus.

Und wir kennen auch die „Nein-Sager“, die Energiesauger, die „Draculas“, die ihre Impulse als Kräfte erleben, die sie kontrollieren müssen. Daher ist ihr Antrieb meist durch Verzögerungen, Zensierungen und Umwandlungen oder durch eine generelle Abwehr belastet. „Nein-Sager“ haben – auf dem ganzen Globus – eine ähnliche Sprache; ich meine damit eine ähnliche psychische Sprache, egal ob sie Englisch, Französisch oder Japanisch sprechen: *Es ist die Sprache des Widerstandes!*

Viele angeblich „sachliche“ Diskussionen im Team, in Besprechungen oder mit Kunden sind Machtspiele mit den üblichen Blockaden und führen dadurch nicht zu einer erhöhten Energie, sondern zu einem negativen Klima. Diese Art von Auseinandersetzung und Kampf drückt sich oft nur durch kleine bissige Bemerkungen, durch einen jämmerlichen und/oder ungeduldigen Tonfall sowie durch eine ablehnende Körpersprache aus. Wenn aber Machtspiele auf diese Art und Weise zum Ausdruck kommen, können sie nie richtig aufgelöst werden.

Kunst und Humor geben uns die Freiheit, unsere negativen Gefühle offen und direkt zu artikulieren, d. h. uns über unsere eigene Negativität lustig zu machen und Blockierungen nicht allzu ernst zu nehmen. Wichtig ist, dass auch subtile Blockaden durchschaut werden, weil wir nur dann imstande sind zu lernen, wie wir auf sie reagieren können. Die folgenden Spiele tragen dazu bei!

Trotzphase! 66

Die TeilnehmerInnen gehen herum, zeigen auf alles, was sie sehen, und sagen: „NEIN!”

Variante

Wiederholen Sie das Spiel und sagen Sie statt „Nein“ immer „JA“!

Ja, aber! 67

Für Paare, die ein Zwiegespräch führen.

Der „Ja, aber“-Mensch ist der ultimative Blockierer. Er ruft oft in seinen Mitmenschen ungeheuere Aggressionen hervor, weil er immer alles besser weiß und unfähig ist, wirkliche Begeisterung zu zeigen. Selbstverständlich ist es erforderlich, unsere eigene Meinung zu äußern und nicht mit allem einverstanden zu sein. Aber das „Ja, aber“-Syndrom kann viel Lebensgenuss verhindern.

- Das Gesprächsthema kann sich spontan entwickeln oder es kann von der Spielleitung vorgegeben werden.
- Beide antworten auf alles, was der andere sagt, mit **„Ja, aber …!“**

Ich hasse dich. Ich liebe dich. 68

Ein Blockadespiel zu zweit!

Zwei Personen führen ein Gespräch miteinander. Das Thema kann von der Spielleitung vorgegeben oder von TeilnehmerInnen vorgeschlagen werden, z. B. zwei MitarbeiterInnen, die gemeinsam ein Event organisieren sollen.

1. Runde: Beide beabsichtigen, die andere ständig zu blockieren nach dem Motto: Ich hasse dich.

2. Runde: Beide sind einander gegenüber absolut positiv, sie bejahen alles!

Wer ist der Verlogenste? 69

Bei diesem Spiel wird oft viel gelacht und ein deutliches Bewusstsein für positive und negative Wirkungen hervorgerufen. Dabei kommt es darauf an, dass das wahre Motiv ist, etwas Schmeichelhaftes schmeichelhaft zu sagen, und dass das „Boshaft-Gesagte" auch wirklich boshaft ist. Manche Leute sind fast nicht in der Lage, etwas Nettes zu sagen und auch nicht etwas Boshaftes! Wir haben ständig das Gefühl, sie meinen unterschwellig genau das Gegenteil, von dem, was sie sagen.

Wieder ein Paarspiel. Jede Person sagt etwas Schmeichelhaftes zu ihrem Gegenüber und dann gleich danach etwas Boshaftes!

Höre mir zu! 70

Diese Übung eignet sich gut als Einleitung zum Thema „auf andere eingehen", sei es am Telefon, im Verkauf oder in der Mitarbeiterführung.

Zwei Personen führen ein Gespräch, das spieltechnisch in zwei Phasen unterteilt ist.
1. Phase: B redet. A hört B etwa 30 Sekunden lang sehr genau zu, schaut B an und signalisiert durch Körpersprache (z. B. Kopfnicken, Lächeln usw.) Verständnis und Interesse.
2. Phase: Auf ein Zeichen der Spielleitung fängt A an, B langsam zu ignorieren. Die Blicke von A schweifen ab und A schaut etwas nervös auf die Uhr, das Lächeln wird künstlich usw.
Danach tauschen A und B die Rollen und B hört A zu.

Nach der Übung reden die TeilnehmerInnen darüber, wie sie die zwei Phasen erlebt haben. Beim Feedback erzählen die meisten TeilnehmerInnen von der „Enttäuschung", die sie in der zweiten Phase erleben, wenn die Aufmerksamkeit des anderen nachlässt. Die Bestätigung, die volle Aufmerksamkeit bringt, ist einer der Schlüssel zu erfolgreicher Kommunikation.

Aikido 71

In diesem Spiel lernen wir, den anderen zu „entwaffnen".

Es werden Paargruppen gebildet oder zwei Personen kommen nach vorne. Person A greift Person B verbal an, und B gibt alles zu!

Diese Übung funktioniert gut, wenn die Angriffe von A übertrieben bis lächerlich sind, z. B.:
A: Du hast den ganzen Schokoladenkuchen aufgegessen!
B: Stimmt, ich hatte enormen Hunger!
A: Du hast aber auch den Teller mitgegessen!
B: Es tut mir leid, es hat alles so gut geschmeckt!

Tipp: *Wichtig ist, dass B wirklich nur zugibt und nicht versucht, sich zu verteidigen. A kann mit mehreren Anklagen kommen, aber nicht von B verlangen, dass B sich rechtfertigt. Das schließt also Fragen wie „Warum hast du den ganzen Kuchen aufgegessen?" aus. Diese „Nicht-Abwehr-Methode" ist von der Kampfart Aikido abgeleitet. Sie macht uns nicht zu „Verlierern", sondern gibt uns mehr Kraft, weil sie unseren Gegner oft verblüfft!*

Anti-Blockierung

Es ist kein Zufall, dass eine Grundregel im Improvisationsspiel „Ja und“ heißt, denn in Improvisationsspielen wird die Idee des anderen zur absoluten Realität. Ich versuche nicht, mein Gegenüber zu meiner Sicht der Dinge zu zwingen, indem ich seine Idee abwürge. Meine Aufgabe ist es vielmehr, die Idee des anderen zu entwickeln.

Akzeptanz *= Verständnis, Redenlassen, dem anderen helfen, seine Gedanken zu entwickeln.*

Wir spielen meistens nicht mit Absicht eine negative Rolle, es ist ein unfreiwilliges Muster, unter dem wir selbst am meisten leiden. Wenn wir eine neue, positivere Rolle angeboten bekommen, können wir uns sehr stark verändern. Wir sind am kreativsten, wenn wir die Ideen unserer Mitmenschen (KollegInnen, ProjektpartnerInnen etc.) mit Begeisterung akzeptieren und darauf bauen. Diese Art zu arbeiten, ob auf der Bühne oder im Alltag, ist auch viel entspannender, weil wir nicht immer alles selber machen müssen. Wir können uns auf unsere PartnerInnen oder auf andere Teammitglieder verlassen, und so macht das „Miteinander“ viel mehr Spaß!
Das Ziel der Übungen ist es, Blockierungen aufzuheben oder sie gar nicht erst zuzulassen.

Keine Idee wird gekillt! 72

Die TeilnehmerInnen bilden Paargruppen oder zwei Personen kommen nach vorne. Thema und Charaktere werden von der Spielleitung oder von den TeilnehmerInnen vorgegeben. Die beiden Personen führen ein Gespräch, in dem keine von beiden blockieren darf, d.h. keine darf die Idee des anderen „killen“, z.B.:

A: Ich mag dein Kleid.
B: Dankeschön.

A: Ich mag dein Kleid.
B: Diesen alte Fetzen? Da fühle ich mich aber sehr geschmeichelt!
(geht auch)

aber nicht:
A: Ich mag dein Kleid.
B: Es ist kein Kleid, es ist ein Luftballon.

Bemerkung: *Im letzten Beispiel tötet A die Idee von B (Es ist kein Kleid.) und zwingt A dazu, seiner Idee gemäß (Es ist ein Luftballon.) weiter zu agieren, was zu keiner guten Basis für eine schöpferische Zusammenarbeit führt. Die Spielleitung kann eine „Jury“ aufstellen, die entscheiden soll, ob eine Reaktion blockierend wirkt oder nicht! Das erhöht den Spaß- und Lern-Effekt.*

Positive Einstellung

Wie wir das Verhalten einer Person deuten, beeinflusst, wie sie sich verhält.

Ein sehr schönes Beispiel für diese These finden wir in einem meiner Lieblingsfilme, „Der kleine Lord“ . In diesem genialen Film spielt Alec Guinness einen verkrusteten und verbitterten alten englischen Lord. Durch die positive Zuneigung, die ihm sein kleiner Enkel entgegenbringt, empfindet er wieder Freude an sich selbst und wird im hohen Alter auch seinen Mitmenschen gegenüber sozialer, großzügiger und umgänglicher.

Diese sehr gefühlvolle, aber keineswegs sentimentale Geschichte zeigt, wie wir, wenn jemand unser Verhalten positiv deutet, nicht nur automatisch dankbar dafür sind, sondern wir beginnen, uns selbst mehr zu mögen, und werden dadurch sogar ein „besserer Mensch“!

Ich habe in einer Studie Folgendes gelesen: Eine Gruppe junger StudentInnen sollte fünf Minuten vor einer Prüfung darüber nachdenken, wie es wäre, ProfessorIn zu sein, und alles aufschreiben, was ihnen dazu einfällt. Eine Kontrollgruppe sollten in der gleichen Situation darüber nachdenken, wie es wäre, ein Fußball-Hooligan zu sein. Das Prüfungsergebnis zeigte einen 10%igen Unterschied zu Gunsten der ersten Gruppe. (*Malcolm Gladwell, “Blink” The power of thinking without thinking*)

Evolutionär gesehen hat für uns „negative Deutung“ einst mehr Sinn gehabt, weil unsere Vorfahren immer auf der Hut vor Gefahren sein mussten. „Better safe than sorry“ sagt auch ein altes englisches Sprichwort. Das bedeutet: Es ist besser, auf Nummer sicher zu gehen, als sich naiv einer Gefahr auszusetzen und es nachher zu bereuen.

Heute aber leben wir glücklicher, wenn wir „positiv“ eingestellt sind. Wir gewinnen mehr Freunde, sind sexuell beliebter und haben beruflich mehr Erfolg.

Positiv deuten! 73

Dieses Spiel gehört zu meinen Standard-Bühnenprogrammen, weil es immer für Heiterkeit sorgt! Das Geheimnis ist: Wir freuen uns, wenn wir Menschen sehen, die positiv agieren, bzw. wenn wir selbst positiv sein dürfen. In einer Welt, in der wir uns ständig von negativen Meldungen bedroht fühlen, sind positive Meldungen einfach sehr erfrischend!

Ein Geschehen und zwei Charaktere werden von der Spielleitung vorgegeben oder von den TeilnehmerInnen vorgeschlagen, z. B. ein langjähriges Liebespaar.
Person A erzählt Person B etwas Schlimmes oder etwas sehr Unangenehmes, z. B.: „Ich habe dein ganzes Geld verspielt." oder „Ich bin von einem anderen Mann schwanger." (Eine echte Tragödie, z. B. Tod einer Person, soll ausgeschlossen sein, aber die Botschaften sollten ziemlich existentiell sein.)
Die Aufgabe von Person B ist es, alles positiv zu deuten!

Tipp: *Am besten steigert Person A das Ereignis immer weiter, z. B. „Ich bin von einem anderen Mann schwanger, der kommt, um mit uns zu leben, weil er kein Geld hat …"*

Ja, das tu ich! 74

Diese Aktion spielen wir mit vier Personen.

Eine Person macht Vorschläge und die anderen drei stimmen allem zu mit Phrasen wie „Ja, das tu ich", „In Ordnung", „Super!", „Gut so" usw., die abwechselnd benutzt werden.
Die Vorschläge werden aus dem alltäglichen oder banalen Geschehen genommen („Lass uns schwimmen gehen.") und reichen bis zu ganz absurden Geschehnissen.

Bemerkung: *Die Vorschläge brauchen nicht immer wohlwollend zu sein. Ich habe ein solches Spiel bei einem Theaterworkshop kennen gelernt. Hier entwickelte sich meine Rolle hin zu einer alten Frau, die zum Schluss die ganzen Möbel in ihrem Haus mit Genuss zertrümmerte! („Sollen wir Ihre Möbel zertrümmern?" „Ja, das mache ich mit!") Diese positive Zustimmung hat wegen der „Grenzüberschreitung" irrsinnigen Spaß gemacht!*

Deine beste Verfassung, und wann tritt sie ein? 75

Die folgende Übung habe ich 2007 bei einer positiven Psychologen-Konferenz in England kennen gelernt und als sehr schön empfunden. Auch andere TeilnehmerInnen fühlten sich im Anschluss daran tatsächlich gestärkt und optimistisch. Interessant ist auch zu beobachten, wie die Körpersprache sich ändert, wenn Menschen positiv über sich selbst reden!

Es werden Paargruppen gebildet.

- Person A erzählt B, in welcher Situationen sie sich wirklich stark fühlt, wann sie sozusagen in ihrer „besten Verfassung" ist. Es geht dabei um Aktivitäten, Umfeld, Menschen, Einstellung usw., welche die Persönlichkeit am meistens unterstützen und womit wir uns glücklich und authentisch fühlen.

- B hört aktiv zu, ohne Rat, Vorschläge oder Analysen zu geben.
- Nach einer gewissen Zeit (3 bis 6 Minuten) tauschen die Partner ihre Rollen und B erzählt A.

Tipp: *Erfahrungsgemäß wirkt diese Übung sowohl in Gruppen, in denen die TeilnehmerInnen sich kennen, als auch in solchen, in denen sie sich fremd sind. Wichtig ist, dass alle eine gewisse Übung in „Selbsterfahrungs-Arbeit“ haben. Bei Menschen, die sehr schüchtern oder verschlossen sind, sollte auf diese Übung verzichtet werden.*

Ja, so ist es! 76

Das ultimative Nicht-Blockierungsspiel!

- Jeder sucht einen Partner oder eine Partnerin, möglichst jemanden, den er oder sie noch nicht kennt.
- Zu zweit entwickeln sie eine kleine „1-Minuten-Geschichte“, und zwar so…

A: Gestern waren wir in der Stadt.

B: Ja, so ist es, und du wolltest ein Kleid kaufen.

A: Ja, so ist es, und du hast mir das Geld dafür gegeben.

B: Ja, so ist es, und dann wolltest du ein zweites kaufen …

Positive Gefühle zeigen

Wenn positive Gefühle nicht ausgedrückt werden, werden sie rostig. So geht es z. B. Liebenden, die über Jahre nie „Ich liebe dich" sagen. Sie hören auf, sich zu lieben! Je mehr wir bestimmte Verhaltensweisen wiederholen, desto mehr werden sie zum Teil unseres alltäglichen Handelns und prägen unseren „Charakter". In ihrem anregenden Buch „Impro Wisdom" vergleicht Patricia Madson die Eigenschaften einer guten ImprovisationskünstlerIn mit denen, die wir brauchen, um im Alltag gut kommunizieren zu können.

Ganz oben auf ihrer Liste steht „Say yes" (Sage ja) und das Eintauchen in das, was sie „the world of yes" (die Welt des Ja) nennt. Diese Anweisung scheint sehr amerikanisch zu sein. Jeder, der Amerika schon einmal besucht hat, bestätigt, dass AmerikanerInnen tendenziell „Ja" zu sich selbst und auch zu den Ideen anderer sagen, „Ja, lass uns das machen!", „Ja, du schaffst das!" sind typische amerikanische Sätze. AmerikanerInnen haben keine Angst davor, als „Ja-Sager" zu gelten, weil in Amerika seit den Anfängen der Individualismus verehrt wird. Europäer hingegen, und insbesondere Menschen in den deutschsprachigen Ländern, fürchten sich deutlich mehr vor dem „Ja-Sagen". Diese Beobachtung ist nicht zuletzt eng mit der nahen Geschichte des 20. Jahrhunderts verbunden. Hier hat „Gehorsam" eine wesentliche negative Rolle gespielt.

In diesem Zusammenhang konnte ich in den letzten Jahren manchmal feststellen, dass TeilnehmerInnen Übungen gegenüber skeptisch waren, in denen KommunikationspartnerInnen ohne bestimmten Grund einfach positiv agieren sollten. Trotz anfänglicher Schwierigkeiten spürten sie nach einer Weile, was für ein befreiendes Gefühl es ist, seine Unterstützung und Begeisterung für einen anderen Menschen zu äußern. Meiner Erfahrung nach ist es so, dass sich während dieser Übungen der Seminarraum oder Theatersaal am häufigsten mit fröhlichem Gelächter füllt!

Mein absolutes Lieblingsspiel ist hierfür das „Ja, so ist es!"-Spiel (s. S. 66, SM 76). Mit dieser Übung habe ich zahlreiche Workshops und Performances in den letzten Jahren beendet, weil hier eine so tolle Stimmung in den Raum gebracht wird.

Das Rollenspiel

„Menschliche Gesellschaften haben sich zu einem Niveau extremer Komplexität entwickelt, weil ihre Mitglieder die Intelligenz und Flexibilität besitzen, alle möglichen Rollen differenziert zu spielen und je nach Situation zu wechseln. Der moderne Mensch ist Schauspieler vieler Rollen."
(Steven Pinker)

Wir spielen täglich mehrere Rollen, manchmal auf kurze Zeit begrenzt, manchmal über einen längeren Zeitraum. So können wir z. B. in einem Lebensabschnitt gleichzeitig Mutter, Tochter, Liebhaberin, Freundin, Managerin von KollegInnen sein und daneben noch kleine alltägliche „Nebenrollen" wie Kundin, Patientin, Hundebesitzerin usw. spielen. Jede Beziehung und jeder Kommunikationsprozess verlangt eine andere Rolle, um erfolgreich zu sein. Rollenspiel heißt „playing the game" (das Spiel mitspielen). Es ist das Gegenteil von blockieren.
Die meisten Menschen, wenn sie nicht gerade SchauspielerInnen sind oder sich mit Rollenspiel beschäftigen, denken nicht besonders darüber nach, wie sie ihre verschiedenen Rollen spielen. Tatsächlich ist es aber so, dass die Art und Weise, wie wir unsere Rolle ausfüllen, das Rollenspiel der anderen beeinflusst und umgekehrt. Die Rollen, die wir freiwillig oder unfreiwillig spielen, drücken wir mit den Mitteln der *Sprache*, der *Körpersprache* und der *Stimme* aus. „Authentisch" sind wir dann, wenn wir in einer Rolle unsere Persönlichkeit ausdrücken können und nicht unbedingt die Erwartungen der anderen befriedigen wollen.
Rollenspiel-Übungen, wie sie hier eingesetzt werden, sind eine Methode, uns aus den Klammern unserer gelernten Alltags-Muster zu befreien.

Der Begriff „Rollenspiel" beinhaltet auch das Wort „Spiel".

Das Rollenspiel erlaubt uns, unsere Zensur auszuschalten und unsere Fantasien zu aktivieren. Plötzlich haben wir das Gefühl, wieder wie ein Kind spielen zu dürfen, uns nicht mehr anstrengen und auch nicht „genial" oder „originell" sein zu müssen. Wir erleben die Absichtslosigkeit der Kunst.
In Seminaren habe ich oft erlebt, dass sehr schüchterne, introvertierte Menschen sich als geniale RollenspielerInnen entpuppten. Es gehört zu einigen meiner schönsten Momente, wenn jemand sich auf einmal als „DarstellerIn" entdeckt.

Fernsehkommentator 77

Ein sanfter Einstieg in das Rollenspiel.

- Eine ganz banale Situation wird von einem oder mehreren TeilnehmerInnen vorgeführt, z. B. eine Person bindet ihre Schuhe zu, oder zwei Personen kommen aufeinander zu, um sich die Hände zu geben oder sich küssen.
- Ein anderer Teilnehmer kommentiert diese ganz banale Situation.
- *Der Stil des Kommentars ist der eines Sportreporters. Der Kommentator kann auch zwischendurch, wie in Sportkommentaren, als „Experte“ auftreten, z. B. Dinge analysieren, etwas über die Menschen, über die Geschichte des Geschehens sagen usw.*

***Tipp:** Dieses Rollenspiel ist sehr gut als rhetorische Übung geeignet.*

***Hinweis:** Wichtig ist, dass die DarstellerInnen die Aktion sehr langsam durchführen, damit der Kommentator viel Zeit für eine rhetorische Steigerung hat.*

Rollentausch 78

Der Rollentausch ist eine alte Idee und immer noch nützlich, um die Empathie für Sichtweisen und Gefühle des anderen zu fördern.

- Zwei TeilnehmerInnen spielen eine Szene, in der eine Konfliktsituation dargestellt wird.
- Sie wiederholen dieselbe Szene mit vertauschten Rollen.

Freeze 79

Dieses Spiel kann einfach als Rollenspielübung eingesetzt werden. Es kann auch mit anderen Zielsetzungen bei Verkaufstrainings, Teambildung, Beschwerden-Management usw. umgesetzt werden.

- Zwei DarstellerInnen spielen ein Stück über eine vorgegebene Situation (z. B. im Verkauf, im Team, Beschwerden, Liebesszene …).
- Ort, Emotionen, Charaktere usw. werden vom Publikum vorgeschlagen, können aber auch von der Spielleitung vorgegeben werden.
- Sobald die Spielleitung „Freeze“ sagt, werden neue Charaktere, Orte, Emotionen usw. vorgeschlagen.

Variante
Jemand aus dem Publikum übernimmt die eine oder andere Rolle (ohne Vorschläge). Das macht das Spiel sehr kreativ und erhöht die „Schlagfertigkeits-Konkurrenz!“

***Bemerkung:** Diese Variante ist ein exzellentes Training für das Mitdenken. Oft fragen wir uns, „Wie würde ich in dieser Situation reagieren?“ oder wir denken heimlich, dass wir die Situation besser gemeistert hätte. Hier haben wir die Möglichkeit es auszuprobieren!*

Das Karussell 80

(inspiriert von Jeff Hogan)

Für Leute, die noch nie ein Rollenspiel gespielt haben, ist dies ein guter Einstieg, weil es sich um eine gemeinsame Aktion handelt.

- Die Gruppe bildet einen inneren und einen äußeren Kreis.
- Die Personen im Innenkreis schauen nach außen, die im Außenkreis schauen nach innen. So hat jede Person einen Partner bzw. eine Partnerin.
- Die Spielleitung gibt ein einfaches, banales Thema vor, über das alle PartnerInnen miteinander reden, z. B. Sommerurlaub.
- Nach den Anweisungen der Spielleitung reden alle Paare eine Zeitlang miteinander.
- Nach jedem Abschnitt wechseln die PartnerInnen, indem die TeilnehmerInnen im Innenkreis eine Position nach rechts gehen.

Die Anweisungen der Spielleitung beziehen sich auf verschiedene Rollen und Situationen, z. B.:

- Verschiedene Emotionen
- Status-Unterschiede
- Ein großer Theaterauftritt
- Mit tierischen Eigenschaften
- Beide glauben, ihr Partner sieht oder hört schlecht
- Zwei Verbrecher

Variante
Statt eines Kreises können analog auch zwei Reihen gebildet werden. Die Wahl der Aufstellung richtet sich nach den Räumlichkeiten.

Spiel deine schwierigste Situation! 81

Diese Übung kann gut mit „Freeze“ (SM 79, s. S. 69) kombiniert werden.

Einige TeilnehmerInnen wählen eine Situation aus ihrem Alltag (z. B. mit einem Kunden, im Team, ein Beziehungsproblem, mit Vorgesetzten oder KollegInnen …) und spielen sie auf übertriebene Art als „Solo-Auftritt“, zu zweit oder in einer Gruppe.

Bemerkung: *Das Übertreiben ist wichtig, weil es uns das „Theatralische“ an der Situation zeigt und ins Lächerliche gezogen wird, was sehr heilsam sein kann.*

Gib mir eine Rolle! 82

Bei diesem Spiel lernen wir, wie wir auf unsere PartnerInnen eingehen und uns auf sie verlassen können. Wir bejahen einfach das Geschehen, bis uns unsere Rolle klar wird!

- Person A erhält eine Rolle (z. B. die des Friseurs) und betritt die „Bühne".
- Person B kommt dazu, kennt hingegen weder die Rolle ihrer BühnenpartnerIn, noch ihre eigene (Kundin).
- Person A beginnt zu agieren, z. B.:

A: Wollen Sie sich hinsetzen?
B: *(macht einfach mit)* Ja bitte *(setzt sich hin)*
A: *(stellt sich hinter sie, fängt an, in ihre Haar zu greifen, während er in einen imaginären Spiegel schaut)* Wie möchten Sie es heute haben? Lang, kurz …?
B: *(hat jetzt verstanden, welche Rolle sie spielt)* Ich möchte es ganz kurz haben. Alles soll weg!
Die Szene wird für eine Weile weitergespielt.

Hinweis: *In dem oben genannten Beispiel ist es für B sehr leicht zu begreifen, was ihre Rolle ist.*
Anhand dieses Beispiels erkläre ich die Übung oft in Seminaren. Nach ein paar Durchläufen kann es ruhig schwieriger für denjenigen werden, der die Rolle von B übernimmt, weil es dann auch spannender ist. Allerdings muss allen TeilnehmerInnen klar sein, dass es nicht darum geht, den Partner oder die Partnerin mit allzu komplizierten Handlungen „auszutricksen", sondern darum, ein interessantes und lebendiges Zusammenspiel zu erreichen.

Versteckte Anweisungen 83

(ein Aufmerksamkeitstraining)

- Eine Szene wird bestimmt, z. B.: Person A (hier eine Frau) besucht Person B (ihren Mann) im Krankenhaus.
- Die Spielleitung gibt A (in diesem Fall der Frau) „geheime" Anweisung, z. B. nur zu reden, wenn B (ihr Mann) sie berührt.
- Person B sowie das Publikum wissen nicht, welche Anweisung A erhalten hat.
- A und B spielen die Szene durch.
- B sowie das Publikum sollen herausfinden, welche Anweisungen A erhalten hat.

Weitere Beispiele für Anweisungen:

- Jedes Mal, wenn er ihren Namen sagt, küsst sie ihn …
- Anweisung an den Mann: Jedes Mal, wenn sie ihre Stellung vom Sitzen zum Aufstehen ändert, sagt er: „Ich weiß, was du meinst!"

„Mantras" 84

Das Wort „Mantra" kommt aus dem Sanskrit und beschreibt eine meist kurze, formelhafte Wortfolge, die oft repetitiv rezitiert wird. Es wird häufig in meditativen Aktivitäten benutzt, um Konzentration zu erzeugen. Durch die Wiederholung, die oft mit geschlossenen Augen geflüstert wird, öffnet sich das Gehirn für das Mantra. In diesem Sinn ist es eine Art „Selbsthypnose".

Wir haben aber tatsächlich Mantras in Kopf, die nicht selbst erzeugt sind, sondern die wir vor langer Zeit gehört haben, oft in der Kindheit, und die wir dann verinnerlicht haben. Typische Mantras sind Äußerungen von Eltern oder Lehrern über uns („Du bist ein schlechter Schüler", „Du bist intelligent, aber deine Schwester ist die Schöne") oder Aussagen zur Gesellschaft („Alle Arbeitslosen sind faul!"). Durch dieses Spiel merken wir, wie sehr unser Verhalten durch das, was uns „im Kopf herumschwirrt", und zwar unsere Mantras, beeinflusst wird!

Zur Vorbereitung sprechen alle darüber, was ein Mantra ist und nennen Beispiele.

- Die Gruppe erfindet ein ganz einfaches Mantra, z. B. „Heute ist kalt".
- Die TeilnehmerInnen bilden Paare, die sich jeweils über ein beliebiges Thema miteinander unterhalten, aber dieses Mantra die ganze Zeit im Kopf behalten.
- Danach werden ausgewählte Szenen, bei denen die DarstellerInnen bestimmte Mantras im Kopf haben, durchgespielt.

Beispiele

- Eine Liebesszene, bei der eine Person das Mantra „Ich will sie verführen" im Kopf hat und die andere Person das Mantra „Ich mag ihn nicht".
- Ein Job-Interview mit den Mantras „Ich bin gut" und dann „Ich bin schlecht".
- Die TeilnehmerInnen denken sich verschiedene Szenen und Mantra-Kombinationen aus, z. B. Liebesszene, verschiedene geschäftliche Szenen usw.
- Mitarbeitergespräch mit dem Mantra „Ich will ihn verführen".
- Telefongespräch mit dem Mantra „Ich liebe dich".

Das schlechteste Gedicht, die schlechteste Rede — 85

Die Erlaubnis, etwas schlecht machen zu dürfen, ist immer sehr befreiend, weil wir uns ständig anstrengen, alles gut zu machen!

Einige TeilnehmerInnen spielen ...

- das schlechteste Gedicht
- eine schlechte Rede
- ein schlechtes Telefongespräch
- ein schlechtes Verkaufsgespräch usw.

Saison der Spontaneität — 86

Beim Improvisationstheater müssen die Akteure blitzschnell spontane Entscheidungen treffen. Aber diese sind weder zufällig noch chaotisch. Spontaneität ist nicht zufällig!

Wie gut Personen die besten Entscheidungen unter Druck und höchsten Stresssituationen treffen, hängt von Erfahrung und Training ab. Dies ist das Thema des faszinierenden Buches von Gary Klein, „Der Entscheidungs-Faktor" über Berufsgruppen wie Feuerwehrleute, die unter „absolutem Hochdruck" blitzschnell ihre Entscheidungen treffen müssen.

Was einem Laien als „Telepathie" zwischen ImprovisationsspielerInnen erscheint, ist eigentlich das Er-

gebnis von sehr feiner Wahrnehmung des Partners, insbesondere der Körpersprache und des Gesichtsausdruckes. Dieses „Gespür" kann so perfektioniert werden, dass ein Spieler schon weiß, was sein Partner machen wird, bevor der Partner es selbst weiß! Außerdem – und das ist die goldene Regel der Improvisation – akzeptiert er jedes Angebot, das sein Partner ihm macht, er hört und schaut gut zu und nutzt alles, was der andere ihm anbietet, als „Sprungbrett" für seine eigenen Aktionen.

In unserer täglichen Arbeit im Team, im Verkauf oder in der Leitung einer Gruppe können wir sehr davon profitieren, wenn wir diese Einstellungen lernen. Wir könnten viel entspannter und passender reagieren, wenn wir diese Methoden anwenden würden. Spontaneität ist nicht ein Geschenk Gottes, sondern wir selbst sind für unsere eigene erfolgreiche Spontaneität verantwortlich!

Das folgende Spiel verbreitet immer sehr viel Freude und ist eine ausgezeichnete Übung, um das „logische Denken" auszuschalten und sich auf schnelle Anweisungen, „Bauchentscheidungen" und auf die Einfälle seines Partners oder seiner Partnerin zu verlassen.

Material: Schreibpapier DIN A5

- Die TeilnehmerInnen schreiben auf je ein Blatt einen so genannten Aussagesatz, z. B. DAS WETTER IST SCHÖN oder ALLE MÄNNER SIND WUNDERBAR.
- Die Spielleitung ermutigt sie dazu, ihrer Fantasie freien Lauf zu lassen, aber nicht zu versuchen, zu genial zu sein. Die Sätze sollen kurz sein, in Blockbuchstaben geschrieben werden und auf jedem Blatt soll nur *ein* Satz stehen. Wie viele Sätze pro TeilnehmerIn geschrieben werden, hängt von der Größe der Gruppe ab. Pro Szene werden 10 bis 16 Sätze gebraucht.
- Die Blätter werden auf der Bühne mit der Schrift nach unten verteilt.
- Zwei Personen spielen eine Szene und lassen sich von den Sätzen inspirieren. Es kann eine Liebesszene, ein Verhandlungsgespräch, ein Telefonat oder etwas völlig anderes gespielt werden.
- Gewöhnlich wechseln sie sich mit den Sätzen ab, eine DarstellerIn kann aber unter Umständen auch zwei Sätze nacheinander lesen.
- Wichtig ist, dass sie das Blatt nicht lange in der Hand halten, sondern sofort den Satz lesen.
- Die Person, die den Satz liest, kann anschließend weiterreden, oder die andere reagiert auf den Satz.

Beispiel: Verkaufsgespräch

A: Guten Tag, ich brauche ein gutes Handy.

B: Selbstverständlich. Ich glaube, dass wir etwas für sie haben, wie Sie wissen, *(hebt ein Papier vom Boden auf und liest)* „die Sonne liegt im Himmel".

A: Tatsächlich? Und, ist das ein gutes Vorzeichen? Heißt das, dass es ein guter Tag ist, um ein Handy zu kaufen? Weil ich irgendwo gelesen habe, dass *(hebt ein Papier vom Boden auf und liest)* „Ich liebe meinen Mann!"

B: Wenn Sie Ihren Mann lieben, dann kaufen Sie ihm wirklich etwas Tolles! Schauen Sie, hier haben wir etwas ganz Ungewöhnliches, *(hebt ein Papier vom Boden auf und liest)* „In der Dunkelheit sind alle Katzen grau!" usw.

Hyde Park Corner 87

Dies ist ein beliebtes „Clown-Spiel“, das die Stimmung und damit auch die Menschen sehr auflockert.

- Die TeilnehmerInnen gehen umher und entspannen dabei ihren Körper.
- Dabei stellen sie sich z. B. vor, dass sie stark betrunken sind und das Gleichgewicht verlieren, so dass der Körper von einer Seite zur anderen schwankt.
- Sind alle entspannt, beginnen sie damit, vor sich hin zu schimpfen wie Betrunkene.
- Sie steigern sich dabei bis zu einer ausgewachsenen Rede, ähnlich wie es die Menschen im Hyde Park in der Speaker's Corner tun.
- Sie schimpfen über Gott und die Welt, aber auch über sich selbst.

***Tipp:** Dieses Spiel kann eine Gruppenübung bleiben oder bestimmte TeilnehmerInnen bieten anschließend „Solo-Auftritte“ dar. Es ist auch ein sehr wirkungsvolles Warm-up für eine Präsentation, insbesondere für Menschen, die Angst vor Präsentationen haben. Unter Umständen könnte eine kleine „Soapbox“ (Kiste) hingestellt werden, auf die jemand klettern kann, um seine Rede zu halten.*

Genieße deinen Größenwahn! 88

Unsere Erziehung lehrt uns, nur über das zu reden, worin wir uns wirklich auskennen. In der Schule wird uns die Angst angejagt, etwas Falsches zu sagen. Hier üben wir genau das Gegenteil. Wir reden selbstbewusst und überzeugend über etwas, wovon wir nichts wissen … also, genieße deinen Größenwahn!

Eine TeilnehmerIn spielt eine ReporterIn, die zweite die „ExpertIn“ einer lächerlichen Sache, die uns von ihrer Autorität überzeugen will.

Der Vorschlag kann entweder vom Publikum kommen oder die ReporterIn stellt spontan ein Thema vor, z. B. „zerbrochene Sonnenbrille“:

ExpertIn: *Vielen Dank für Ihre Einladung über dieses äußerst wichtige Thema zu reden. Ich möchte erwähnen, dass ich mich die letzten 20 Jahren damit beschäftigt und 1998 sogar eine Selbsthilfegruppe für Besitzer von zerbrochenen Sonnenbrillen gegründet habe.* (Hier schaut der Experte sehr selbstgefällig in das Publikum, das gut mitspielt, indem es begeistert applaudiert.)
Es ist wahrscheinlich kaum ein Mensch im Raum, der sich vorstellen kann, welche Verzweiflung Mitmenschen erleben, wenn sie ihre Sonnenbrille zerbrechen! Meine Damen und Herren, stellen Sie sich vor, Sie sitzen am sonnigen Strand, die Temperatur steigt, Sie merken, dass Ihre Augen von der Sonne geblendet werden und greifen in Ihre Badetasche, um herauszufinden …, dass Ihre Sonnenbrille kaputt ist!“…
Die „ExpertIn“ kann z. B. weiter darüber reden, in welcher Art und Weise sie zerbrochen ist, welche Möglichkeiten der Reparatur es gibt usw. Wichtig ist, dass die Rede „fließt“ und mit großer emotionaler Überzeugung vorgetragen wird.

Tipp: *Dieses Spiel kann auch in einer Fremdsprache oder in „Kauderwelsch“ geführt werden. Eine TeilnehmerIn kann auch ein Wort aus dem Fremdwörterlexikon nehmen, das niemand versteht. Es geht dabei hauptsächlich um überzeugende Körpersprache und Stimmgestaltung. Das ist eine besonders gute „Trockenübung“ für Präsentationen.*

Elefant oder Motorrad? 89

(Ratespiel mit verteilten Rollen)

Jeder kennt das Spiel, bei dem sich jemand einen Beruf, eine Person aus der Geschichte oder etwas Ähnliches ausdenkt, und die andere müssen durch Fragen langsam erraten, um wen oder was es sich handelt. Hier wird es in einem Rollenspiel umgesetzt, was es spannender, aber auch schwieriger macht. Das Spiel schult die Wahrnehmung und die Zusammenarbeit.

- Die Spielleitung gibt eine Szene vor, z. B. einen Warenumtausch.
- Eine Person spielt den Kunden und geht aus dem Zimmer.
- Die anderen entscheiden, welches Objekt umgetauscht werden soll, z. B. ein Elefant, ein Motorrad, ein Foto.
- Der Kunde kommt wieder herein, ein anderer Darsteller spielt den Verkäufer und beginnt einen Dialog, in dessen Verlauf der Kunde allmählich errät, welches Objekt er umtauschen will.
- Aufgrund der Reaktionen des Verkäufers und auch des Publikums, welches sich natürlich vor Lachen kugelt, merkt der Kunde, wenn er beim Raten daneben liegt oder auf der richtigen Fährte ist.
- Die Rolle der anderen ist es nicht, den Ratenden zu verwirren, sondern ihn zum Ziel zu führen.
- Das Spiel ist aus, wenn das Objekt erraten oder ein bestimmtes Zeitbudget vorbei ist.

Vom Beobachter zum Beobachteten 90

Diese Übung eignet sich vor allem am Anfang eines Präsentations-Seminars. Sie zeigt, dass wir uns automatisch in einer Ausnahmesituation befinden, wenn wir plötzlich „allein auf der Bühne" stehen, was viele Menschen nervös macht.

Alle TeilnehmerInnen sitzen in der Runde. Einige Personen werden nach und nach von der Spielleitung nach vorne auf die „Bühne" geholt, bis nur noch zwei Personen im Plenum sitzen. Genau diese beiden werden von allen anderen, die vorne stehen, beobachtet! Am Anfang beobachten die Sitzenden die Menschen, die auf der Bühne stehen, aber dann empfinden sie langsam ein mulmiges Gefühl, während sie von der Rolle des Beobachters zu der des Beobachteten wechseln!

Spiegelneuronen 91

„Empathie" entsteht nach neuesten wissenschaftlichen Erkenntnissen durch so genannte „Spiegelneuronen" im Gehirn. Tierversuche zeigen z. B., dass ein Affe, der beobachtet, wie ein anderer Affe eine Banane verkostet, mit seinem Körper die gleichen Empfindungen ausdrückt, wie der Affe, der die Banane wirklich isst!
Weitere Forschungen, auch mit Menschen, führten zu dem Ergebnis, dass wir neurologisch gesehen „mitfühlen" können, was andere erleben. Die Spiegelaktivität von Nervenzellen für die Vorstellung von Empfindungen erzeugt beim Beobachter ein intuitives, unmittelbares Verstehen der Empfindungen der wahrgenommenen Person. Dies erklärt, warum die Gegenwart eines anderen Menschen, zumal wenn er uns nahesteht, manchmal dazu führen kann, dass wir seine unterschiedlichen, teilweise starken Emotionen wie Schmerz, Trauer oder Freude nachempfinden können. Dieses „Einfühlungsvermögen" erfolgt auch oft ganz unbewusst. Die folgende Übung macht diese Wahrnehmung bewusst.

1. **Runde:** Eine banale Situation wird dargestellt, z. B. ein Gespräch unter MitarbeiterInnen.
2. **Runde:** Bei einer Wiederholung dieses Gesprächs soll eine kleine emotionale Veränderung bei einem der beiden oder bei beiden Darstellern stattfinden. Die Zuschauer versuchen, die Veränderungen herauszufinden.

Beispiele für Veränderungen:
- in einem verliebten Tonfall reden
- Tränen zurückhalten
- ungeduldige Fingerbewegungen etc.

Variante: In Anlehnung an das Spiel „Mantras" (s. S. 71, SM 84) soll das Publikum erkennen, welche Gedanken oder Gefühle die SpielerIn hat (z. B. Ich hasse dich, ich habe Angst um dich usw.).

Tipp: *Dieses Spiel eignet sich für eine Vielzahl von Seminaren, in denen die Aufmerksamkeit trainiert werden soll.*

Das Publikum führt Regie 92

Bei dieser Übung können wir unseren Drang, „originell und genial zu sein", endlich aufgeben. Es schult auch das Zuhören und die Genauigkeit.

- Ort und Charakter werden von der Spielleitung vorgegeben oder vom Publikum vorgeschlagen.
- Es gibt zwei Darstellerinnen auf der „Bühne", die kurz miteinander agieren.
- Nach jeder Handlung bzw. Runde fragt die Spielleitung, „WHAT NEXT?" (Was jetzt?).
- Die anderen Zuschauer machen Vorschläge für die nächste Handlung.
- Das bedeutet, dass die zwei auf der „Bühne" nur das spielen, was vorgeschlagen wird.
- Für die Zuschauer besteht die Aufgabe darin, die Anweisungen so zu geben, dass die Vorschläge leicht von den DarstellerInnen angenommen werden können, d. h. sie dürfen weder zu banal, noch zu verrückt oder unlogisch ausfallen.

Variante: Die Darstellerinnen dürfen die Vorschläge der Zuschauer ablehnen, wenn sie ihnen als nicht passend erscheinen, bzw. sie dürfen den besten Vorschlag auswählen. Das erzeugt den Ehrgeiz unter den Zuschauern, ein „gutes Drehbuch" zu erfinden!

Brachliegende Rollen 93

Irgendwann „entschließen“ wir uns dazu, bestimmte Rollen auszuagieren und andere brachliegen zu lassen. Die Gründe für diese „Wahl“ können verschieden sein, z. B. sozialer Erfolg, Druck, Angst, Gewohnheit, Bequemlichkeit ... Die Liste ist lang. Also liegen in jedem Menschen vielen weitere Rollen brach, die genutzt werden könnten.
Diese Übung gibt den DarstellerInnen die Möglichkeit, neue Verhaltensweisen (wie neue Kleider) auszuprobieren!

Zwei bis drei Personen spielen eine kleine, alltägliche Szene, z. B. Lehrer – Schüler – Elternteil oder Krankenpfleger – Patient. Die Szene wird mehrmals gespielt und jede Person versucht nach Vorschlägen des Publikums und / oder der Spielleitung, ihre Rolle in verschiedenen Variationen zu spielen, z. B.:

- Krankenpfleger als autoritärer „Drache“, Patient als geduldiges Opfer;
- Krankenpflegerin als beruhigende „Mutter Theresa“, Patient als Paranoiker;
- Krankenpfleger als Witzbold, Patient als dankbares Publikum.

Anschließend reden die Darsteller und Zuschauer in Kleingruppen darüber, welche Rolle ihnen leichter, welche schwerer gefallen ist.

Teambildung

Stimmungsmacher-Übungen haben einen Teambildungs-Effekt, weil sich die Personen durch das Zusammenspielen besser kennen lernen; sie kommen sich näher und gehen vor allem großzügiger miteinander um. Folgende Spiele befassen sich mit dem Thema „Teambildung“ noch spezifischer.

To follow or not to follow! 94

Wir sind es gewohnt, oft einfach lustlos mitzumachen. Dieses Spiel bringt jeden dazu, sich zu entscheiden, ob er etwas wirklich will oder nicht. Wir lernen auch dadurch, dass manche Vorschläge akzeptiert und andere abgelehnt werden, Sensibilität zu entwickeln für die Bedürfnisse der anderen Teammitglieder.

- Alle stehen in der Raummitte. Jemand macht einen Vorschlag, z. B. „Lasst uns alle herumlaufen!“ Alle anderen sagen begeistert „Ja“ oder „Das mache ich …“ und machen mit.
- Wer dem Vorschlag folgen will, sagt begeistert „Ja!“ Wer ihm nicht folgen will, macht nicht mit und setzt sich hin.
- Jemand entwickelt eine Geschichte aus der Aktion, indem er vorschlägt: „Lasst uns in der Stadt einkaufen gehen“.
- Alle gehen umher, eine Person macht einen Vorschlag, z. B. „Trinken wir jetzt einen Tee“ oder „Schauen wir, in welchen Geschäften die Kleider am günstigsten sind“.

Variante: Für Arbeitsteams bietet es sich an, Handlungen zu entwickeln (z. B. „Teambesprechung") mit Vorschlägen wie: „Sollen wir die Punkte vorlesen?", „Sollen wir diskutieren?", „Sollen wir den Mund halten, wenn jemand redet?" usw.

Gleiche Szene, andere Darsteller 95

Eine Situation oder ein Geschehen, z. B. „First Date" oder „Besuch bei meiner Tante" oder auch eine geschäftliche Situation wie „Computer-Schulung" oder „Konflikt mit …" wird immer wieder von verschiedenen kleinen Gruppen improvisiert. Dadurch wird eine Situation aus unterschiedlichen „Sichtweisen" dargestellt und wahrgenommen.

Aussprache auf einem Flipchart 96

Dies ist eine gute Übung für geschlossene Gruppen (z. B. Teams), die sich in einer Konfliktsituation befinden, in der eine Aussprache nötig ist.

Material: 1–2 Flipcharts, Stifte

- Einer nach dem anderen schreibt etwas auf das Flipchart.
- Dabei darf auch etwas durchgestrichen oder kommentiert werden, was jemand vorher aufgeschrieben hat; Ausstreichen, Kommentieren, Unterstützen oder Negieren ist auf dem Flipchart erlaubt. Die TeilnehmerInnen dürfen auch mehrmals etwas aufschreiben.
- Die Hauptregel lautet: Niemand redet!

Tipp: *Diese Übung zeigt die Stimmungen und Bedürfnisse der Gruppe und einzelner Gruppenmitglieder auf. Sie ist besonders gut für Menschen, die nicht gern sprechen oder sich schnell überrumpelt fühlen und sich mit dem Schreiben leichter tun.*

Werte

Unsere persönlichen Wertvorstellungen beeinflussen, wen oder was wir als „gut“ oder „böse“ beurteilen, was uns glücklich, wütend oder traurig macht, wann wir stolz oder beschämt sind. Das lernen wir alle schon in frühen Jahren und wir wissen, wie stark unsere Werte uns prägen und unsere Handlungen bestimmen. Uns ist aber nicht immer bewusst, inwieweit wir unsere eigenen Vorstellungen als „die Norm“ empfinden und uns die Werte von anderen fremd, außergewöhnlich und bisweilen sogar minderwertig erscheinen.
Für jede Gruppe, die eng zusammenarbeiten soll, ist es von Vorteil, die vorhandenen Wertvorstellungen zu untersuchen, damit alle Mitglieder sich über ihre eigenen Glaubens- und Wertesysteme klar werden und anerkennen, dass diese nicht der absoluten moralischen Wahrheit entsprechen. Übungen mit diesem Ziel führen zu mehr Toleranz und Akzeptanz im Team und zu einer aufgeschlossenen Stimmung, die eine Basis schafft, um über Richtlinien und Problemlösungen zu diskutieren.

Wo gehörst du hin? 97

Für dieses Spiel werden mindestens 16 MitspielerInnen benötigt.

Alle TeilnehmerInnen kommen nach vorne und bilden zwei Gruppen mit einer eindeutigen Mitte, die die Gruppen voneinander teilt. Die Zusammensetzung der Gruppen ändert sich im Verlauf des Spiels, je nachdem welche Antwort jede Person wählt und ob sie sich dann rechts oder links einordnet. Die Mitte, die die beiden neu entstandenen Gruppen teilt, muss immer erhalten bleiben.

Die Spielleitung stellt „gegensätzliche“ Fragen. Die Antworten werden durch das Positionieren der TeilnehmerInnen deutlich angezeigt, z. B.:

- Wer ein Bauch-Mensch ist, der gehe nach rechts.
- Wer ein Kopf-Mensch ist, der gehe nach links.

Weitere Fragenbeispiele: „Wer ist …

- abenteuerlustig – vorsichtig?
- gut strukturiert, ordentlich – chaotisch?
- ein Optimist – ein Pessimist?
- ein Mensch, der eher „leitet“ – „unterstützt“?
- ein Mensch, der gerne andere ärgert – der von anderen geärgert wird?

Variante

Alle stehen in einer Reihe.

- Wer die Frage mit „Ja“ beantwortet, geht einen Schritt nach vorne.
- Wer die Frage mit „Nein“ beantwortet, geht einen Schritt nach hinten.

Selektive Wahrnehmung

Es ist nicht so, dass Menschen mit verschiedenen Einstellungen zunächst die gleichen Fakten wahrnehmen und sie dann unterschiedlich bewerten. Es ist vielmehr so, dass unsere Werte schon beeinflussen, was und wie wir die Welt wahrnehmen.

Zwei Beispiele:
Im Hollywood-Streifen „Daddy Cool" fährt ein junges, aufsässiges Mädchen mit seinem Vater in den Urlaub. Da es sich geniert, mit dem Vater gemeinsam im Urlaub zu sein, und sich wichtigmachen will, erzählt es herum, dass dieser ältere Herr sein Liebhaber ist. Die anderen Touristen in dem kleinen Ort glauben die Geschichte und sehen nun den unschuldigen Mann als einen Perversen an. Sie deuten jede seiner Handlungen so, dass sie in ihre Vorstellungen des „Negativbildes" vom Vater als Liebhaber passen.

Eine andere Geschichte zeigt, inwieweit unsere Vorurteile von unbewussten Assoziationen abhängen:
1966 haben sich mehrere Posaunenspieler um einen Platz im Orchester der Münchener Philharmoniker beworben. Die BewerberInnen waren aufgefordert, hinter einer Leinwand vorzuspielen, um auszuschließen, dass vielleicht eines der Jurymitglieder einen Bekannten unter den BewerberInnen wiedererkennt. Bei einem Vorspiel schauten alle Jurymitglieder einander plötzlich an und sagten gleichzeitig: „Genug! Das ist unser Mann!" Die vorspielende Person war eindeutig den anderen MitbewerberInnen überlegen. Nur dass es kein Mann war, sondern eine Frau, was die Jury total verwirrte, insbesondere den Dirigenten der Münchener Philharmoniker, der sich irgendwie „hereingelegt" fühlte!
Bis zu diesem Zeitpunkt war der Irrglaube verbreitet, dass eine Frau nicht die nötige Kraft hätte, Posaune zu spielen, geschweige denn, in einem weltberühmten Ensemble mitzuspielen. Aber gewonnen war gewonnen und die Jury (es waren natürlich nur Männer) mussten sie akzeptieren.
Eine Fußnote dazu: Seit „blinde Bewerbungen" für Orchester die Norm geworden sind, hat sich die Zahl von Frauen in Orchestern verdreifacht!

Wenn wir Vorurteile Menschen gegenüber haben, interpretieren wir alles so, damit unsere Vorstellungen bestätigt werden. Oft erzeugen wir durch unsere Handlungen genau das Verhalten, das wir erwarten. Genau diese Art und Weise verstärkt weiter unseren Glauben an dieses „private Wissen" – und der Teufelskreis verfestigt sich!

Private Knowledge 98

In diesem Spiel steht die innere Vorstellung, die wir voneinander haben und die oft wenig bis nichts mit der Wirklichkeit und unserem Gegenüber zu tun hat, im Mittelpunkt.

Vier Menschen nehmen teil. Jeder Person wird eine geheime „Voreingenommenheit" gegenüber den anderen drei MitspielerInnen mitgeteilt. Sie soll dementsprechend in der gespielten Situation (z. B. in einer Besprechung oder bei einem Fest) agieren.

Keiner kennt die Vorurteile gegenüber den anderen:

- eine Person gilt als sehr sexy (Sie möchten sie verführen!)
- eine Person gilt als echter Witzbold (Sie lachen über alles, was sie sagt.)
- eine Person erscheint als gefährlich (Sie möchten ihr nicht zu nahe kommen, reden sehr vorsichtig mit ihr.)
- eine Person wirkt mitleidbedürftig (Sie möchten sich ihrer annehmen.)

Variante

Eine Weiterentwicklung des Spiels, die auch immer zu einer heiteren und angeregten Stimmung unter SeminarteilnehmerInnen geführt hat, baut auf den alltäglichen Ängsten und Vorurteilen auf.
Sie glauben z. B.

- dass eine TeilnehmerIn sehr wohlwollend ist.
- dass eine TeilnehmerIn Ihren Job haben will.
- dass eine TeilnehmerIn schwerhörig ist.
- dass eine TeilnehmerIn in Sie verliebt ist.

Lisas Geschichte 99

Diese Übung ist sehr anregend und bringt viel Leben in jede Gruppe. Es ist interessant zu beobachten, wie schnell oder langsam und mit welchen Methoden die verschiedenen Gruppen zu einem Konsens kommen – falls sie es denn schaffen!

Zeit: 15–30 Minuten, je nach Länge der Diskussion

Die Spielleitung erzählt eine Geschichte und zeichnet sie gleichzeitig auf einem Flipchart auf.

Es gab einmal ein schönes, junges Mädchen mit Namen Lisa, das in den schönen Mauritz verliebt war. Er liebte Lisa auch. Sie wohnten auf verschiedenen Seiten eines Flusses, aber das war kein Problem, denn über den Fluss gab es eine Brücke, und so konnten sie sich fast jeden Tag treffen und sich lieb haben.
Eines Tages aber kam ein schrecklicher Sturm, der ein paar Tage dauerte und die Brücke total zerstörte.
Lisa wartete zwei Wochen lang auf eine Nachricht von Mauritz, weil sie nicht wusste, wie es ihm ging und ob er womöglich nicht mehr lebte. Endlich entschied sie sich, ihn zu besuchen. Sie erinnerte sich, dass es einen jungen Mann gab, Emile, der nur eine Dreiviertelstunde entfernt wohnte und ein Floß hatte. Sie suchte ihn auf und fragte ihn, ob er sie zu Mauritz bringen würde. Emile schaut sie traurig an und sagt: „Lisa, du kannst mich alles fragen, aber nicht, dass ich dies für dich tun soll, denn es bricht mir mein Herz. Ich liebe dich seit Ewigkeiten und kann dich nicht zu einem anderen Mann bringen."
Lisa war natürlich enttäuscht. Doch dann erinnerte

sie sich, dass ein anderer Bekannter, Martin, nur ein paar Kilometer entfernt lebte, der ein richtiges Boot hatte. Sie suchte ihn auf und fragte ihn, ob er sie zu ihrem Geliebten bringen würde.
Martin war einverstanden, sagt aber, dass es ihn Zeit kosten werde und dass das Benzin teuer geworden sei, so dass sie ihn dafür bezahlen müsse. Er verlangte 80 Euro. Lisa war über diesen hohen Preis sehr bestürzt, aber weil sie Mauritz so gerne sehen wollte, gab sie Martin das Geld.
Martin brachte sie über den Fluss. Es dauerte ziemlich lange und es war schon dunkel, als sie am anderen Ufer ankamen. Lisa bedankte sich bei Martin und machte sich auf den Weg zu Mauritz, der noch eine Stunde entfernt wohnte. Da regnete es plötzlich ganz stark und Lisa merkte, dass es schwierig sein würde, am gleichen Abend anzukommen. Glücklicherweise kannte sie noch Siegfried, der ganz in der Nähe wohnte. Sie ging zu seinem Haus und klingelt an seiner Tür. Er öffnete die Tür und begrüßte sie herzlich.

„Hallo, Lisa! Wie nass du bist. Komm herein, ich mache dir etwas zu essen. Du kannst deine Kleider wechseln. Wir finden sicher etwas für dich.“
Siegfried hieß sie willkommen und sie verstanden sich an diesem Abend sehr gut. So gut, dass sie sogar miteinander schliefen. Am nächsten Morgen machte sich Lisa endlich auf den Weg zu Mauritz.
Er freute sich riesig, sie wiederzusehen und sie küssten sich die ganze Nacht hindurch! Aber Lisa plagte ihr schlechtes Gewissen und sie gestand Mauritz am folgenden Tag, dass sie mit Siegfried Sex gehabt hatte.
„Was?“, schrie Mauritz. „Das hast du mir angetan? Du konntest nicht ein paar Stunden warten, bis wir zusammen waren! Ich bin wirklich enttäuscht von dir. So kann ich dir nicht mehr vertrauen.“
Und Mauritz schickte Lisa nach Hause.

Soweit die Geschichte und jetzt kommt die Aufgabe.
Jeder erstellt für sich eine „Sympathie-Hierarchie-Liste“:

- Welche der fünf Personen (Lisa, Mauritz, Emile, Martin, Siegfried) finde ich am sympathischsten?
- Wen finde ich am unsympathischsten?

Danach verteilen sich alle in kleine Gruppen von vier bis fünf Personen und bilden innerhalb von etwa zehn Minuten einen Konsens zu einer „Gruppen-Sympathie-Hierarchie“.
Zum Schluss werden die Ergebnisse und Begründungen in der gesamten Gruppe diskutiert.

happy business' dynamische Meditationen — 100

Diese Übung ist sehr effektiv, um Körper und Geist innerhalb von kurzer Zeit zu befreien. Die Aufteilung erfolgt in verschiedenen Phasen.

Material: Matratzen oder große Kissen, einfache rhythmische (Trommel-)Musik, die etwa 6–10 Minuten dauert (z. B. Dollar Brand, Abdullah Ibrahim, Track 5), Tanzmusik (ca. 5 Minuten, z. B. The Very Best of Aretha Franklin, Track 9), meditative Musik (ca. 5–10 Minuten, z. B. Vivaldi oder Albanoni)

1. Phase: Wir schließen die Augen und schütteln den Körper von oben bis unten, so lange die rhythmische Musik andauert.
2. Phase: Jetzt tanzen wir rhythmisch und locker ohne Anspruch auf Schönheit und Virtuosität (etwa fünf Minuten). Alle lassen sich von ihren Bewegung treiben.
3. Phase: Alle liegen bequem mit geschlossenen Augen auf Matratzen oder auf großen Kissen und entspannen sich bei meditativer Musik. Diese Phase dauert fünf bis zehn Minuten.

Ausklang: Jeden Tag ein bisschen kreativer

Wir haben die Freiheit, jeden Tag etwas Neues auszuprobieren. Wenn wir diese Freiheit nutzen, wird fast keine Aktivität mehr gleich sein. Der Impuls, spontan, nicht normal, verspielt oder kindisch zu sein, ist wohl ein „Ur-Trieb“. Die Unterdrückung dieser „verrückten“ Seite führt dazu, dass viele Erwachsene mit zunehmendem Alter immer unbeweglicher werden. Das zeigt sich in der Körperhaltung und im Gesichtsausdruck, hier ist der Charakter ähnlich wie eine Maske eingraviert. Aber das muss nicht sein! Bis ins hohe Alter liegen schöne und starke Bilder in unserem Gehirn bereit. Wenn wir sie nutzen, wird unser Gehirn zum Garten der Kreativität, zu dem die Tür durch den Alltagsstress oft verschlossen ist. Vermeiden Sie die zahlreichen „Draculas“, die Energien aussaugen wollen. Wenn Sie die „Draculas“ nicht vermeiden können, lernen Sie, sie so zu behandeln, dass sie Sie nicht stören.

Erinnern sie sich – Sie sind auch für die Energien Ihrer Mitmenschen verantwortlich! Ich hoffe, dass manche der Stimmungsmacher-Spiele helfen, diese Türen zu öffnen und offen zu halten, damit Ihr „kreativer Flow“ nie aufhört zu fließen.

Zum Schluss möchte ich zwei sehr verschiedene Stimmen zu diesem Thema zitieren. Ich finde, sie drücken meine Einstellung besser aus, als ich es je könnte!

Frank Farrelly, Gründer der provokativen Therapie:

Ohne Fehler lernt man nichts.
Auch Schwächen sind sympathisch.
Locker wird es besser.
Sei gut zu dir.
Tu es mit Muße.

Ralph Emersons Antworten zu der Frage: Was ist ein erfolgreiches Leben?

Häufig zu lachen.
Den Respekt intelligenter Menschen und die Zuneigung von Kindern zu gewinnen.
Die Wertschätzung ehrlicher Kritiker zu verdienen und den Verrat falscher Freunde zu ertragen.
Schönheit wertzuschätzen und in anderen Menschen das Beste zu sehen.
Die Welt ein wenig besser zurückzulassen, sei es durch ein gesundes Kind, ein Stück Garten oder eine soziale Situation, in der wir unser Bestes gegeben haben.
Zu wissen, dass wenigstens ein Lebewesen leichter geatmet hat, weil du gelebt hast.
Das ist der wirkliche Erfolg.

Häufigste Fragen

Nach meinen Seminaren kommen oft TeilnehmerInnen auf mich zu mit ihren Fragen. Hier teile ich mit Ihnen die häufigsten Fragen und die Antworten, die ich darauf gebe.

1. Haben sie spezielle Übungen für Teambildung?

✓ **Antwort:** Wir können alle diese Übungen als Teambildungsübungen betrachten. Ein Team, das regelmäßig diese Übungen macht, wird sehr gut miteinander auskommen. Durch die Übungen lernen wir, miteinander zu kooperieren, die Fehler anderer zu akzeptieren und offener zu werden. Das sind die Grundlage für gute Teamarbeit. Es gibt aber auch einen Abschnitt mit spezifischen Teambildungsübungen (s. S. 79 ff.).

2. Was würden Sie mit einer Gruppe tun, die noch nicht wirklich offen für solche Übungen ist? Was sollen AnfängerInnen machen, die sich nicht so viel zutrauen?

✓ **Antwort:** Fangen Sie mit ganz einfachen Dingen an. Wir denken oft zu kompliziert. Lassen Sie z. B. die Gruppe etwas schreiben, vielleicht sogar anonym. Schreiben wird nicht als bedrohlich angesehen. Die TeilnehmerInnen können etwa ihre Meinung zu etwas äußern oder ihre Eindrücke von einem bestimmten Foto erzählen, das Sie als Impuls mit einbringen.
Für den Anfang sind solche Spiele gut, die faszinieren, weil sie sich mit unserer menschlichen Psyche beschäftigen, aber nicht verlangen, dass die Menschen sich wirklich „öffnen", z. B. „Fröhliches Fragen" (s. S. 20, SM 15), „Schnapp den Hut!" (s. S. 22, SM 19) oder „First Impressions" (s. S. 28, SM 26).
Denken Sie daran: Eine Gruppe öffnet sich nur so weit, wie die Spielleitung sich öffnet. Das heißt, wählen Sie eine Übung aus, bei der Sie sich sicher fühlen und Spaß haben. Dann wird die Gruppe auch Spaß haben!

3. In manchen Ihrer Spiele sollen Menschen einander berühren. Ist das nicht problematisch, wenn man sich gar nicht kennt?

✓ **Antwort:** Auf der einen Seite müssen wir immer sensibel sein, was die Berührungsängste mancher Menschen angeht. Auf der anderen Seite habe ich nie Probleme erlebt, selbst in interkulturellen Gruppen. Wichtig ist einfach, dass die Menschen selbst entscheiden können, wie weit sie gehen möchten. Man sollte niemanden zu etwas zwingen und es gibt immer ein paar, die nicht richtig mitmachen wollen. Das müssen sie dann auch nicht. Das ist kein Problem. Die anderen machen mit unterschiedlicher

Begeisterung mit und das genügt! Um die Beteiligung an Gruppenübungen möglichst offen zu lassen, leite ich sie entsprechend ein: „Sie können ..., wenn Sie möchten."
Es gibt aber auch bestimmte Gruppen, in denen ich gewisse Übungen (z. B. Massage) nicht oder nur in abgemilderter Form anbieten würde. Das sind etwa Gruppen, in denen Menschen starke KonkurrentInnen sind oder von denen ich weiß, dass es Spannung zwischen bestimmten TeilnehmerInnen gibt.

4. Was machen Sie, wenn plötzlich ein unerwarteter, spannungsgeladener Konflikt, z. B. zwischen einem Vorgesetzten und seinem Mitarbeiter auftaucht?

✓ **Antwort:** Diese Frage ist schwierig zu beantworten, ohne die genaue Situation zu kennen. Die Übungen sind als Prophylaxe gedacht, um Spannungen zu vermeiden. Sie eignen sich auch gut, um leichte Spannungen, z. B. durch Stress bedingte, zu lösen. Sie sind aber kein Ersatz für tiefere Konfliktlösung durch Coaching oder andere Methoden. Ich meine damit, wenn zwei Menschen wirklich „Feinde" sind und viele ungelöste Probleme zwischen ihnen stehen, können ein paar lustige Übungen nicht viel helfen!
Sollte unerwartet ein Konflikt auftauchen, würde ich wahrscheinlich in einer Pause unter vier Augen mit den Beteiligten sprechen. Auf keinen Fall würde ich vor der Gruppe versuchen, die Situation zu lösen, weil man dann womöglich in eine Sache hineingezogen wird, die man nicht kennt, und so die Gruppe an Energie verliert. Das oberste „Gebot" ist, die positive Energie der Gruppe zu erhalten. Das heißt nicht, oberflächlich zu sein, es heißt aber zu wissen, was hineingehört und was nicht!

Würden Sie dann trotzdem Übungen wie „Statusspiele" machen?

✓ **Antwort:** Ich arbeite mehr als „Theater-Regisseurin" und weniger als Therapeutin. Denn obwohl diese Übungen sicher eine therapeutische Wirkung haben, ist es nicht mein Ziel, Menschen therapeutisch zu behandeln, sondern sie anzuregen und ihre Kommunikation zum Fließen zu bringen. Darum sind die Szenen und Charaktere auch oft vom Alltag abstrahiert und übertrieben dargestellt, damit sie nicht an Alltagssituationen kleben. Das unterscheidet z. B. die Simulation vom Rollenspiel. Die Simulation bleibt nahe an der realen Situation, das Rollenspiel hat mehr mit Fantasie zu tun. In Verkaufstrainings benutze ich gerne beides, aber der Unterschied muss klar sein, sowohl für die Spielleitung als auch für die TeilnehmerInnen.

5. Sie warten oft ab, bis sich jemand freiwillig meldet. Was machen Sie, wenn sich niemand meldet und ein peinliches Schweigen entsteht? Haben Sie Tipps, wie man Menschen dazu animiert, sich zu melden?

✓ **Antwort:** Inzwischen genieße ich dieses „peinliche Schweigen", weil so eine herrliche Spannung entsteht. Ich weiß, dass das Publikum es weniger lang aushält als ich und sich schließlich immer jemand meldet! Natürlich gibt es Ausnahmen. Bei einer Theatervorstellung habe ich einmal vier Männer gebeten, freiwillig auf die Bühne zu kommen. Es war sehr zäh und ich musste sehr lang warten. Für die nächste Performance habe ich mir dann etwas ausgedacht: Jeder Mann hat beim Betreten des Saals eine Nummer erhalten und am Anfang dieser Aktion habe ich vier Nummern aus dem Hut gezogen. Die Männer sind dann stolz auf die Bühne gerannt! Tja, wir müssen schöpferisch und lösungsorientiert denken!
Alternativen sind, nach dem Geburtsmonat, den ersten Buchstaben des Vornamens oder nach der Schuhgröße zu fragen. Oder man geht mit geschlossenen Augen durch den Raum und zeigt auf jemanden! Die Menschen, die dann kommen, nenne ich „fast Freiwillige"!

6. Benutzen Sie bestimmte Übungen für bestimmte Themen wie Gender-Workshops oder interkulturelles Training?

✓ **Antwort:** Wenn ich Trainings durchführe, benutze ich allerhand verschiedenes Material, nicht nur die Stimmungsmacher-Übungen, z. B. Kurzvorträge oder Gruppenarbeit. Irgendwie sind die Stimmungsmacher immer dabei, weil sie einen sehr direkten Zugang zu jedem zwischenmenschlichen Thema schaffen. Ich analysiere zuerst, welches Ziel dieses Training oder dieser Workshop konkret hat, dann überlege ich mir, welche Übungen sich für dieses Thema eignen und was sie bezwecken sollen. Danach wähle ich bestimmte Übungen aus und überlege weiter, ob sie genau passen oder ob ich sie variieren muss.
Da ist z. B. die Übung „Wie nah darf ich kommen?" (s. S. 36, SM 37), in der man „Stopp" sagt, wenn der andere nah genug ist, eignet sich sehr gut für einen Gender-Workshop sowie für ein interkulturelles Training oder ein Verkaufstraining.
Ich versuche, sowohl Bewusstsein über eine spezifische Dynamik zu erzeugen (z. B. Körperraum in verschiedenen Kulturen), als auch diese Dynamik auf verschiedene Situationen zu erweitern, damit die TeilnehmerInnen verstehen, dass Körperraum ein universales Element unserer Kommunikation ist.

7. Ich möchte diese Spiele gerne ausprobieren, aber ich habe zu wenig Humor dafür. Wie kann ich humorvoller werden?

✓ **Antwort:** Es erstaunt mich immer wieder, wie viele Menschen glauben, dass sie keinen Humor haben. Ich weiß nicht, wie diese Vorstellung entsteht. Ich habe noch nie jemanden im Seminar getroffen, der keinen Humor hat, es sei denn er war krank oder hatte große Sorgen.

Es gibt so viele Arten von Humor, wie es Menschen gibt. Humor hat viel mit Entspannung zu tun und auch damit, dass wir unsere Ansprüche herunterschrauben. Es muss nicht alles immer perfekt laufen und wenn wir Übungen ausprobieren, dann ist das ein Experiment, von dem wir nie im Vorhinein wissen können, ob es gelingen wird. Jedes Mal, wenn wir etwas Neues ausprobieren, gehen wir ein Risiko ein.
Mein Tipp: Ich würde nicht versuchen, besonders humorvoll zu sein, sondern ein paar Übungen auswählen, die mir gefallen und von denen ich denke, dass sie leicht durchzuführen sind. Dann würde schauen, ob die Gruppe und ich selbst Spaß daran haben. Wenn ja, würde ich noch andere ausprobieren. Wenn Nein, würde ich mir überlegen, warum nicht? Was muss ich korrigieren? Haben diese Übungen nicht zu der Gruppe gepasst? War meine Einleitung nicht klar genug oder inspirierend? Haben die Menschen Angst gehabt? Haben sie keinen Sinn darin gesehen? Darüber würde ich nachdenken und es dann noch einmal probieren. Normalerweise haben wir eine zweite Chance und auch eine dritte!

Es ist äußerst wichtig, das, was man tun, zu reflektieren. Julia Cameron empfiehlt in „Der Weg des Künstlers“ sogar, dass wir jeden Morgen unsere Gedanken assoziativ aufschreiben. Sie nennt diese Aktivität „Die Morgenzeitung“. Ich habe immer sehr davon profitiert, über meine Arbeit zu schreiben. Eigentlich ist daraus dieses Buch entstanden!

Anhang

Register

Literatur

Amon, Ingrid, Die Macht der Stimme. Persönlichkeit durch Klang, Volumen und Dynamik, Überreuther, Wien / Frankfurt, 2000

Bartussek, Walter S., Bewusst sein im Körper. Training für Bühne und Alltag, Matthias-Grünewald-Verlag, Mainz, 2000

Bauer, Joachim, Das Gedächtnis des Körpers. Wie Beziehungen und Lebensstile unsere Gene steuern, Piper Verlag, München 2002

Bauer, Joachim, Warum ich fühle, was du fühlst. Intuitive Kommunikation und das Geheimnis der Spiegelneuronen, Hoffmann und Campe, Hamburg, 2005

Bauer-Jelinek, Christine, Die geheimen Spielregeln der Macht. Und die Illusionen der Gutmenschen, Ecowin Verlag, Salzburg, 2007

Boal, Augusto, Games For Actors And Non-Actors, Routledge, London 1992

Brook, Peter, Das offene Geheimnis. Gedanken über Schauspielerei und Theater, Fischer Verlag, Frankfurt am Main, 1998

Bryan, Mark / Cameron, Julia / Allen Catherine, Der Weg des Künstlers – Ein spiritueller Pfad zur Aktivierung unserer Kreativität, Droemer Knaur, München, 2000

Cerwinka, Gabriele / Schranz, Gabriele, Die Macht der versteckten Signale. Wortwahl Körpersprache Emotionen, Überreuther, Wien / Frankfurt, 1999

Czikszentmihalyi, Mihaly, Flow – Das Geheimnis des Glücks, Stuttgart, 1992

Damasio, Antonio R., Ich fühle also bin ich – Die Entschlüsselung des Bewusstseins, List, München 1999

De Botton, Alain, Status Anxiety, Penguin Books, London, 2005

Derks, Lucas, Das Spiel sozialer Beziehungen. NLP und die Struktur zwischenmenschlicher Erfahrung, Klett Cotta, 2000

Ekman, Paul, Gefühle lesen. Wie Sie Emotionen erkennen und richtig interpretieren, Spektrum Akademischer Verlag, Heidelberg, 2007

Farrelly, Frank / Brandsma, Jeff, Provocative Therapy. Meta Publication, Capitola, USA, 1974

Fast, Julius, Körpersprache, Rowohlt Verlag, Reinbek bei Hamburg, 1979

Galli, Johannes, Kommunikationstheater, Galli Verlag, Freiburg, 2000

Givens, David, Love Signals. A Practical Field Guide to the BodyLanguage of Courtship, St Martins Press, New York, 2005

Gladwell, Malcolm, Blink – The power of thinking without thinking, Penguin, London 2005

Goffman, Erwin, Wir alle spielen Theater. Die Selbstdarstellung im Alltag, Piper Verlag, München, 1959

Goleman, Daniel, Vital lies, simple truths. The Psychology of Self-Deception, Bloomsbury publishing, London, 1985

Henley, Nancy M., Körperstrategien. Geschlecht, Macht und nonverbale Kommunikation, Fischer Verlag, Frankfurt am Main, 1988

Johnstone, Keith, Theaterspiele. Spontaneität, Improvisation und Theatersport, Alexander Verlag, Berlin 1997

Johnstone, Keith, Improvisation und Theater, Alexander Verlag Berlin, 1997

Klein, Gary, Sources of Power – How People Make Decisions, MIT Press, Massachusetts, 1999

Klein, Stefan, Die Glücks-Formel Oder wie die guten Gefühle entstehen, Rowohlt, Reinbek bei Hamburg, 2002

Lehner Johannes M. / Ötsch Walter O., Jenseits der Hierarchie. Status im beruflichen Alltag aktiv gestalten, Wiley-Vch Verlag, Weinheim, 2006

Madson, Patricia Ryan, Improv wisdom. Don't Prepare, Just Show Up, Crown Publishing Group, Random Hose, New York, 2005

Molcho, Sammy, Partnerschaft und Körpersprache, Mosaik Verlag, München, 1990

Morris, Desmond, Körpersignale: Vom Scheitel bis zum Kinn, Heyne Verlag, München, 1986

O'Connor, Joseph / Seymour, John, Introducing NLP. Psychological Skills for Understanding and Influencing People, Mandala, London, 1990

Oida, Yoshi, Zwischen den Welten, Alexander Verlag Berlin, 1992

Pease, Allan und Barbara, Der tote Fisch in der Hand Und andere Geheimnisse der Körpersprache, Ullstein Verlag, Berlin, 2003

Pease, Allan und Barbara, Die kalte Schulter und der warme Händedruck. Ganz natürliche Erklärungen für die geheime Sprache unserer Körper, Ullstein Verlag, Berlin, 2004

Pinker, Steven, The blank slate. The modern Denial of Human Nature, Penguin books, New York, 2002

Quilliam, Susan, Body Language. Learn to read and use the body's secret signals, Firefly books, USA, 2004

Ramachandran, Vilaynur S. / Blakeslee, Sandra, Die blinde Frau die sehen kann, Rowohlt Verlag, Reinbek bei Hamburg, 2002

Rhode, Rudi / Meis, Mona Sabine, Wortlos sprechen. Körpersprache: Körperwahrheiten – Körperlügen, Oesch Verlag, Zürich, 2004

Roth, Gerhard, Fühlen, Denken, Handeln – Wie das Gehirn unser Verhalten steuert, Suhrkamp, Frankfurt am Main, 2001

Schurtleff, Michael, Audition, Bantam Books, New York, 1980

Spitzer, Manfred, Selbstbestimmen. Gehirnforschung und die Frage: Was sollen wir tun?, Spektrum Akademischer Verlag, Heidelberg, 2004

Vlcek, Radim, Workshop Improvisationstheater. Übungs- und Spielesammlung für Theaterarbeit, Ausdrucksfindung und Gruppendynamik, Pfeifer Verlag, München 1997

Wilson, Timothy D., Strangers to Ourselves. Discovering the adaptive unconscious, Harvard College, America, 2002